环境设计概论

主编 姚璐 张鹏翔
副主编 林慧颖 周佳慧 韩耀辉

"十四五"普通高等教育艺术设计类系列教材·环境设计

中国水利水电出版社
www.waterpub.com.cn
·北京·

内 容 提 要

本书系统全面地介绍了环境设计的内容及方法，主要包括概论、环境设计发展史、环境设计的理论基础和构成要素、环境设计程序与方法、建筑与景观设计、空间与环境设计、环境与社会等内容。本书图文并茂，理论与实践相结合，便于读者学习和掌握。

本书可作为高等院校、高职高专相关专业课程的教材，也可作为相关专业人士的阅读参考读物。

图书在版编目（CIP）数据

环境设计概论 / 姚璐, 张鹏翔主编. -- 北京 : 中国水利水电出版社, 2020.9(2024.8重印).
 "十四五"普通高等教育艺术设计类系列教材·环境设计
 ISBN 978-7-5170-8586-7

Ⅰ. ①环… Ⅱ. ①姚… ②张… Ⅲ. ①环境设计—概论—高等学校—教材 Ⅳ. ①TU-856

中国版本图书馆CIP数据核字(2020)第085870号

书　　名	"十四五"普通高等教育艺术设计类系列教材·环境设计 环境设计概论 HUANJING SHEJI GAILUN
作　　者	主　编　姚　璐　张鹏翔 副主编　林慧颖　周佳慧　韩耀辉
出版发行	中国水利水电出版社 （北京市海淀区玉渊潭南路1号D座　100038） 网址：www.waterpub.com.cn E-mail：sales@mwr.gov.cn 电话：（010）68545888（营销中心）
经　　售	北京科水图书销售有限公司 电话：（010）68545874、63202643 全国各地新华书店和相关出版物销售网点
排　　版	中国水利水电出版社微机排版中心
印　　刷	清淞永业（天津）印刷有限公司
规　　格	210mm×285mm　16开本　10印张　292千字
版　　次	2020年9月第1版　2024年8月第4次印刷
印　　数	9001—12000册
定　　价	52.00元

凡购买我社图书，如有缺页、倒页、脱页的，本社营销中心负责调换

版权所有·侵权必究

本书编委会

主　编　姚　璐　张鹏翔

副主编　林慧颖　周佳慧　韩耀辉

参　编　刘　悦　王　楠　毕雅宁　王浩玥　张俊谷
　　　　　王　尉　王合丽　王　石　乔薪臻　陈　飞
　　　　　张　悦　邸　倩　高　霞

前言 FOREWORD

工业革命加速了城市化的进程，但是也为城市带来了一系列的"城市病"。交通拥堵、生态破坏、工作居住环境恶劣等问题使大量人群逃离城市，因此，人们逐渐认识到城市生态环境建设的必要性。环境设计即为人类提供更加安全、合理、舒适的生活环境空间和精神需求空间，打造与城市整体空间形象相互协调的生态型人居环境，真正实现人、建筑和环境三者和谐统一。

环境设计专业注重以设计解决人们生存环境中的现实问题，是一门渗透范围非常广泛的综合类专业，需要城市规划、建筑学、风景园林学、心理学、生态学、经济学、历史学、宗教学、美学、风水学、社会学等众多领域的支撑，具有多元性、交叉性和复合性的专业特征。

本书依托2018年国家颁布的环境设计专业教学质量国家标准而制定，意在结合新时代特色，梳理总结环境设计专业发展历史、理论方法、构成要素、设计方法和发展趋势，帮助读者更好地认识、理解和掌握环境设计相关知识。

本书共分七章，在编写中融入室内设计、建筑设计、景观设计和城市规划设计等相关专业知识并做整合性梳理，以实际案例解析的形式，讲解环境设计专业的相关知识构架、设计方法和设计程序，以及创新性理论和设计实践类知识。本书适用于城市规划设计、景观规划设计、环境设计、室内设计等专业的师生，以及与之相关的从业人士学习使用。

本书由姚璐、张鹏翔主编，林慧颖、周佳慧、韩耀辉为副主编。其他参编人员为刘悦、王楠、毕雅宁、王浩玥、张俊谷、王尉、王合丽、王石、乔薪臻、陈飞、张悦、邱倩、高霞。

该书在编写过程中，编者参考并引用了相关书籍、期刊和网络的部分资料，大部分使用资料列入参考文献，但是有小部分的图片和文字未能注明出处，在此对相关作者表示深深的感谢。

由于时间仓促，书中难免存在一些不足之处，敬请读者批评指正，在此表示感谢。

编者
2020年4月

目录

前言

第一章　绪论 ········· 1
　第一节　环境设计的基本概念 ········· 1
　　一、环境设计的研究范畴 ········· 1
　　二、环境设计的基本涵义 ········· 1
　　三、环境设计的分类及其内容 ········· 2
　　思考题 ········· 4
　第二节　环境设计的专业特征 ········· 5
　　一、环境设计的多元性、交叉性和复合性的专业特征 ········· 5
　　二、对环境设计专业学习的几点思考 ········· 10
　　思考题 ········· 12
　第三节　环境设计的发展趋势 ········· 12
　　一、利用先进的材料和施工工艺解决专业工程技术方面的问题 ········· 12
　　二、深入挖掘地域特性，提炼地域文化 ········· 14
　　三、关注环境保护，注重可持续发展 ········· 16
　　思考题 ········· 18

第二章　环境设计发展史 ········· 19
　第一节　环境设计的起源 ········· 19
　第二节　环境设计发展史 ········· 19
　　一、古代环境设计发展史 ········· 19
　　二、近现代的环境设计 ········· 42
　　三、现代与后现代的环境设计 ········· 45
　　思考题 ········· 50

第三章　环境设计的理论基础和构成要素 ········· 51
　第一节　环境设计的理论基础 ········· 51
　　一、技术生态学 ········· 51
　　二、建筑人类学 ········· 52

三、环境心理学 ………………………………………………………………………… 52
　　　四、环境美学 …………………………………………………………………………… 53
　　　五、人体工程学 ………………………………………………………………………… 53
　　　六、信息化与智能化 …………………………………………………………………… 54
　　　思考题 …………………………………………………………………………………… 55
　第二节　环境设计的构成要素 ……………………………………………………………… 55
　　　一、空间与界面 ………………………………………………………………………… 55
　　　二、光、空气、水和声音 ……………………………………………………………… 59
　　　三、色彩 ………………………………………………………………………………… 64
　　　四、材料 ………………………………………………………………………………… 65
　　　五、结构和构造 ………………………………………………………………………… 68
　　　六、信息化与智能化 …………………………………………………………………… 70
　　　思考题 …………………………………………………………………………………… 73

第四章　环境设计程序与方法 ………………………………………………………………… 74
　第一节　设计程序 …………………………………………………………………………… 74
　　　一、设计前期准备阶段 ………………………………………………………………… 74
　　　二、方案设计阶段 ……………………………………………………………………… 77
　　　三、施工图设计阶段 …………………………………………………………………… 86
　　　四、设计实施阶段 ……………………………………………………………………… 87
　　　思考题 …………………………………………………………………………………… 87
　第二节　设计方法 …………………………………………………………………………… 87
　　　一、发现问题 …………………………………………………………………………… 87
　　　二、分析问题 …………………………………………………………………………… 88
　　　三、解决问题 …………………………………………………………………………… 91
　　　思考题 …………………………………………………………………………………… 92

第五章　建筑与景观设计 ……………………………………………………………………… 93
　第一节　建筑设计方法 ……………………………………………………………………… 93
　　　一、建筑设计的基本原理 ……………………………………………………………… 93
　　　二、建筑设计的特征 …………………………………………………………………… 93
　　　三、建筑设计的理念 …………………………………………………………………… 94
　　　四、建筑设计的原则 …………………………………………………………………… 94
　　　五、建筑设计的要素 …………………………………………………………………… 96
　　　思考题 …………………………………………………………………………………… 97
　第二节　建筑外环境景观设计 ……………………………………………………………… 97
　　　一、建筑外环境的定义 ………………………………………………………………… 97
　　　二、建筑外环境的特征 ………………………………………………………………… 97
　　　三、建筑外部空间环境的构成要素 …………………………………………………… 98
　　　四、建筑外环境的设施与设计 ………………………………………………………… 99
　　　思考题 ………………………………………………………………………………… 115

第六章　空间与环境设计

第一节　室内空间设计
一、空间 ... 116
二、室内空间构成方式 ... 117
三、室内空间与尺度 ... 118
四、空间的限定 ... 120
思考题 ... 123

第二节　环境设计
一、环境设计的概念 ... 123
二、环境设计的基本要素 ... 124
三、环境设计的功能与意义 ... 130
思考题 ... 131

第七章　环境与社会

第一节　建筑及环境设计调研
一、建设条件 ... 132
二、公共限制 ... 134
思考题 ... 136

第二节　数字化环境及数字建筑
一、数字化表达 ... 136
二、人工智能 ... 136
三、地理设计 ... 139
思考题 ... 140

第三节　建筑设计及工程软件
一、AutoCAD ... 140
二、3S技术 ... 141
三、VR技术 ... 143
思考题 ... 146

参考文献 ... 147

第一章

绪论

第一节 环境设计的基本概念

一、环境设计的研究范畴

环境设计是一门应用范围非常广泛的综合类专业,需要城市规划、建筑学、风景园林学、心理学、生态学、经济学、历史学、宗教学、美学、风水学、社会学等众多领域的支撑。环境设计遵循绿色和可持续发展的设计理念,以人的感觉、知觉、行为等感知系统为基础,对自然环境、城市环境、建筑及室内设计进行综合性规划设计。

"环境"一词是指以人类为中心的生态环境系统,即"地球生物圈"。"环境"可分为自然环境和人工环境两类。工业的大发展,极大地改变了人类的生存环境,同时也导致地球资源枯竭、生态失调等一系列问题的出现。环境保护问题是当今社会发展亟待解决的主要议题。环境设计则是为人类提供更加安全、合理、舒适的生活环境空间和精神需求空间,打造与城市的整体空间形象相互协调的生态型人居环境,真正实现人、建筑、环境三者的和谐统一。

二、环境设计的基本涵义

1. 生态涵义

环境设计将自然界的山、石、木、土、水、光、植物等要素引入人类的生活之中,打造接近自然生态的人工生态,实现自然景观的再造,使人们最大限度地接近自然,回归自然。当今的环境设计旨在保护城市生态环境,改善乡村环境,为美好生活注入新的生机。

2. 艺术涵义

环境设计结合特定环境的民俗特征、乡土文化、历史文脉等诸多因素,在考虑当地材料、气候和地形地貌等自然环境因素的基础上通过人工创作方式,展现环境的艺术美,在满足与周围环境共生的基础上,强调人们精神的追求和意境的表现,以有形化无形,进入深层次的精神境界探索,创造具有独特的美学和艺术特征的环境空间。

3. 社会涵义

随着时代的发展,环境设计在实践中不断探索其新时代的意义。其一,随着政府管理机制的不断完善,环境设计行业的社会保障也不断加强;其二,环境设计是实用与美观,理性与情感的结合，民族文化与时代精神的传承与延续，而不是新的思潮下附庸风雅、无病呻吟、矫揉造作、生搬硬套，病态的环境艺术；其三，通过科技化、技术化的发展，新材料、新工艺的应用，探索具有中国特色社会主义环境设计发展的道路。

三、环境设计的分类及其内容

1. 城市规划

城市规划是对一定时期内城市经济和社会发展、土地利用、空间布局以及各项建设的综合部署、具体安排和实施管理，是对城市空间发展目标的设定和达到这项空间目标过程中时间上的指导，促进城市形成良好的经济发展环境。城市规划总体概述从空间角度来讲涵盖了政治、经济、文化和社会生活等领域，具有对城市时空发展的高度综合性和协调性，通过协调城市建设和发展，实现城市经济和社会的协调和可持续发展。

城市规划对环境设计而言是一个战略性的城市环境规划，偏向于社会经济发展的层面，是公共政治、社会经济、工程技术、环境效益等多方面的综合性的宏观操控。城市形体环境二维的布局结构，如长春市规划区城镇建设用地规划图和中心城区用地规划图，为城市或者地区的发展制定总体规划布局。城市规划可分为社会规划、经济规划和环境规划三个方面。前两种规划是隐性的、内在的，是针对社会问题、人口问题、土地资源利用、地域开发和产业结构等方面做出的规划性目标，而环境规划是显性的、外在的，以社会和经济规划为基础，是对城市发展规模和规划的用地划分、对实际开发项目的总体布局。

城市设计是城市规划的具体实施，是介于城市规划和建筑设计之间的发展中学科。从最开始的视觉艺术布局到文化理念再到行为的相互作用，从注重景观到重视情感再到关注环境的过程，可以看出，可持续的城市设计观念是一个需要长期实践并不断完善的过程。城市设计主要研究的是城市的物质形态环境，塑造一个三维的城市空间环境，是城市规划的具体化表现（图1-1-1）。同时城市设计关注建筑物与建筑物之间、建筑群体之间、建筑物与环境之间的关系，从城市的角度对建筑周围的历史文脉、环境质量、景观艺术等方面进行设计分析。

图1-1-1 台州城市规划

2. 建筑设计

最原始的建筑空间是为了躲避野兽的侵袭、遮风避雨的藏身之所，随着社会的发展，文明的进步，人类对于空间的要求也越来越高。如今所谓"建筑设计"，其实就是在研究建筑空间与人的关系。何为空间？老子曾说："埏埴以为器，当其无，有器之用。凿户牖以为室，当其无，有室之用。故有之以为利，无之以为用。"在"有"的基础上创造出"无"的空间，如空间由地面、墙体和屋顶围合而成，在"有"与"无"之间、"虚"与"实"之间营造出供人类生活、工作和休息的空间。如今空间的营造还包括光影、材料、结构、构造、色彩、比例、尺度、体量、地域、人文、生态、环境、精神等一系列的重要因素，建筑设计以维特鲁威的"坚固、适用、美观"为原则，为使用者提供更加安全、舒适的居住环境空间。

建筑学是一门横跨工程技术和人文艺术的学科。随着社会的发展，风景园林学与城市规划逐渐从建筑学中分化出来，成为独立的学科。事实上，"建筑学"所研究的对象不仅是建筑物本身，更是研究人们对建筑物的要求，研究建筑物实体从无到有的产生过程中分别对应的策划、设计和实施。在建筑学中，建筑设计是其核心，要综合考虑环境、功能、技术、艺术、行为、经济等原则，对于不同的建筑类型，要分别研究其功能、空间环境、人的行为活动等特点，以及相应的材料与技术条件（图1-1-2）。建筑设计大致可分为两类：一类是总结各种建筑的设计经验，按照各种建筑的内容、特性、使用功能等，通过范例阐述设计时应注意的问题以及解决这些问题的方式方法；另一类是探讨建筑设计的一般规律，包括平面布局、空间组合、交通安排，以及有关建筑艺术效果的美学规律等。

图1-1-2　日本美秀美术馆

3. 景观设计

景观设计是关于土地景观的分析、规划、设计、管理和保护的艺术科学，主要以环境设计为研究对象，对人类居住环境的外部空间设计，考虑视觉美的同时有艺术美的需求，营造一个生态化、人性化的生存空间。景观设计广义来说是对人、土地和环境三者关系的和谐统一；狭义来说，是在一定地域范围内的建筑、道路、地形、植被等方面去创造自然或者人工环境。景观规划是对场地、土地、城市设计和环境的大规模、大尺度的规划，而景观设计则是在景观规划的基础上进行特定场所的小规模、小尺度范围内的环境设计研究，甚至包括水体、地形地貌、植被、景观、构筑物以及公共艺术产品的设计（图1-1-3）。

4. 室内设计

从总体的环境意识来看，室内空间是在建筑生成之时确立的，从外到内依次分为室外环境、建筑、室内空间环境。室内设计是对建筑内部空间的综合性设计，以建筑的使用性质和

图1-1-3　拙政园一隅

空间环境为基准,以人为本的设计理念,以科学技术为依托,同时由光、色彩、材料、绿化、温度、湿度等要素的微观层次构成,满足使用者的功能需求,为使用者营造舒适、优美的室内环境和生活方式(图1-1-4)。

图1-1-4 餐饮空间室内设计

室内设计包含四方面内容:一是室内空间设计,是建筑室内空间的组织,形成所需的空间的结构、空间序列和动线走向;二是面的装饰装修设计,围合空间实体的界面,如墙面、地面、天花板等进行设计处理和装饰;三是室内物理环境设计,对室内采暖、通风、温湿调节等方面的设计处理;四是室内陈设与绿化设计,对室内空间的陈设物品,如家具、设施、艺术品、灯具、绿化等进行设计处理。

5. 公共艺术设计

公共艺术设计又名公共空间艺术设计,实际就是空间环境景观设计、城市雕塑艺术设计、壁画艺术设计、装饰饰品设计、旅游工艺品设计的总称。公共艺术是"为公共而创作的艺术",也可以说是一种参与性的艺术,具有公共性和较强的包容性,其属性是"公开的""共有的、市民的""民众所共同享有的",具有开放、共享、平等、参与、互动的原则。公共艺术是指在公共开放空间中的艺术创作与相应的环境设计。其目的是将艺术家和工艺美术师的专业技能、想象力和创造力融于创造新空间及城市复兴的整个过程,为的是将独特的品

图1-1-5 雕塑艺术

质弥漫渗透进整个发展过程,通过创造一个具有视觉冲击力的环境视觉艺术而赋予空间灵魂与生命力,使空间显得生气勃勃,生机盎然(图1-1-5)。

1. 环境设计是一门怎样的艺术?
2. 环境设计有哪些基本涵义?
3. 环境设计涉及哪些领域?所包含的内容是什么?

第二节 环境设计的专业特征

一、环境设计的多元性、交叉性和复合性的专业特征

环境设计的目的是满足人的需求,既满足人的物质需求和精神需求,又满足人与社会、人与自然和谐的关系,为人类提供一个至高无上的生活、生存的时空环境,建立一个美好的人类生活家园。因此,环境设计是人类生活环境中从宏观到微观的一个系统工程。在这个系统中,从城市规划到广场街道、建筑空间、室内空间、家具陈设等都是环境设计的有机组成部分。同时,环境设计的对象还涉及自然生态环境和人文社会环境等广泛的领域,是一个具有多元性、复合性的交叉学科。

1. 多元性

随着时代的不断发展与进步,环境设计在艺术与技术、人类与自然、历史与现代、文化的共性与差异等这些多元化思想的相互摩擦、碰撞下,不仅具有了其本身所固有的实用性特征,还产生了整体、特色、民族、地域、生态、科技等多元性特征。

(1)实用属性。环境设计是具有功能性的实用艺术,是一种创造使用价值和实用空间的设计。因此,进行环境设计时必须满足使用上的基本要求,强调最大限度地满足使用者多层次的需求,做到安全、舒适、健康、便利。同时,环境设计既要满足人们休憩、工作、交通、聚散等空间物质需求,又要满足人们审美、共享、交往、参与、安全领域等心理需要。例如,密斯·凡·德·罗设计的美国伊利诺伊工学院建筑馆(图1-2-1)在功能设计中美感与实用并存。密斯·凡·德·罗在建筑造型设计中,没有使用浮夸的元素符号,而是深度挖掘建筑本身的功能空间,从而构架出建筑造型丰富的层次感。从某种意义上讲,这种追逐功能设计的"简单化",等同于另一种意义上的复杂。

(2)整体属性。环境设计是由城市、景观、建筑、室内等多种要素构成的,城市中的每个构成要素既具有各自的个性,又具有环境的整体性。如,城市中的建筑造型既要有其自身的装饰特色,又要与整个街区的环境及建筑相互一致;街区中的雕塑、喷泉、灯柱、花坛等景观小品既要具有自身的特色和美感,又要与街区设计风格协调统一。从宏观上看这些景观、建筑物、小品设施同时存在于城市之中,但它们既有各自彰显的物象形态、个性特色,又有内在的、有机的秩序,各自之间求同存异,相辅相成。如,意大利的威尼斯(图1-2-2)和中国的富阳文村(图1-2-3)。世界历史文化名城威尼斯

图1-2-1 伊利诺伊工学院建筑馆

的建筑造型,房屋上雕刻的图案和花纹的风格特征各异,有哥特式、巴洛克式、文艺复兴式等特征,然而这些不同特征的建筑雕刻艺术,共同呈现出来的是威尼斯水城的温馨浪漫、诗情画意的整体风情;富阳文村是中国著名的建筑师普利兹克建筑奖获得者王澍依据深度改造和修旧如旧的原则改建的,根据每个房子的自身特征与结构进行深度改造,如夯土墙、灰石墙、抹泥墙以及斩假石的外立面设计等,然而它们共同体现出来的是文村的浙江味道和中国建筑的特征。

图1-2-2 威尼斯

图1-2-3 富阳文村

（3）特色属性。环境设计是针对某个特定环境有目的的规划与设计，是其特色环境的创作。由于不同环境的特色性和独特性，创作时必须考虑其环境中的众多个性因素。宏观因素如地域、民族、乡土、民俗、历史、民情，以及民众的新精神面貌等因素；微观因素如该环境的服务对象、功用、建筑内涵、地域材料、地方习俗等。将这些特定因素融入环境创作中，会形成具有地域特色的作品。例如，王澍设计的宁波博物馆，以山、水、海洋为其建筑的设计理念，使其建筑整体形态酷似一艘上岸的船，这种建筑造型体现了宁波城市的地理形态和港口特色。此外，在建筑装饰微观上，一方面收集当地废弃的明清砖瓦砌成瓦片墙，体现了地域特色；另一方面利用毛竹模板浇筑成清水混凝土墙，形成了江南纹理，使整体建筑体现着浓厚的乡土气息（图1-2-4）。

图1-2-4 宁波博物馆

2. 交叉性

环境设计和众多学科交织在一起，相互促进、相互影响、共同发展。环境设计融入了城市规划、建筑学、风景园林学、心理学、生态学、经济学、历史学、宗教学、美学、风水学、社会学等多个学科。在环境设计的范畴内，这些众多学科相互构筑、交叉、融合，并形成了一个完整的环境设计专业体系。

（1）环境设计是艺术与科学的交叉统一。在当代社会，随着科学技术、信息技术的不断创新与高速发展，人们对生活环境艺术的审美也在逐步提升，对室内外环境的设计要求更为多样化、特色化、时代化。因此，新型材料、先进的结构方式、精良的施工工艺以及建造技术结合起来，是当前环境设计赖以实施的必要条件。例如，建筑师让·努维尔设计的巴黎阿拉伯世界研究中心，采用了最先进的材料并利用了光感技术，能够根据阳光的强弱自动调节采光遮阳窗，达到采光和遮阳的目的，同时遮阳构件的形式来源于阿拉伯建筑的传统几何形图案，体现出了艺术与技术的完美结合（图1-2-5）。

图1-2-5　巴黎阿拉伯世界研究中心

（2）环境设计是人工与自然的交叉统一。环境设计借助自然之景，对自然进行取引和利用。"室内空间室外化"是室内设计重要的设计方法之一，引入自然景观，或者通过空间界面的表现和装饰物件的质感、色彩、纹路等来体现自然的空间环境。例如，西泽立卫设计的周末度假屋，展开了自然景观与建筑室内空间的对话。其建筑最吸引人的地方是通过把住宅的出入口门与三个玻璃院落结合，巧妙地将室外景观引入、反射、渗透、融合到室内的空间中，使人无论处在室内空间的哪个角落，都可以观赏到庭院内部及建筑外部的自然景观，使建筑室内空间与室外自然景观发生了巧妙的融合（图1-2-6）。

图1-2-6　周末度假屋

（3）环境设计是物质与精神的交叉统一。物质包括自然物质和人工物质，自然物质是指由空气、土地、河流、阳光、气候、风霜雨雪、山脉、植被等组成的天然事物；人工物质是指环境中经过人的加工、改造、制造出来的事物，如园林、广场、建筑物、道路、灯具、休闲设施、雕塑、小品、家具、器皿等。环境设计的物质性能体现出一个民族、一个时代的生活方式和文化特色，从而组成环境的精神因素，形成特定的风格和特征。这种精神因素贯穿在横向的区域、民族关系和纵向的历史、时代关系两个坐标之中。从横向上来说，不同地区、不同民族的风俗习惯、宗教信仰、生活方式决定着不同的环境特征；从纵向上来说，同一地区、同一民族在不同历史时代，由于生产力水平、科学技术、社会制度的不同，也形成不同的环境特色。例如，德国犹太人纪念馆的室内设计，通过多种物质手段表达出犹太人在第二次世界大战期间的精神状态。其"秋之落叶"装置艺术由一万多个睁着眼、张着嘴、面部狰狞的铁片"金属脸"组成。走在这条路上，脚下会发出呐喊一样的回响，让人感到那些如秋日落叶般陨落的生命，表达了环境设计物质与精神统一的特征（图1-2-7）。

3. 复合性

环境设计是对人们的生活、生产、社交等多层次空间环境的设计创造，其中应体现出来环境与人的生活、自然、社会的复合性的关系。同时，前面也讲到满足人与社会、人与自然和谐的关系，是建构美好环境的需求。因此，当今的环境设计应该是满足人们的美好生活、自然的生态环境以及社会责任感的复合性载体。

（1）作为人的生活载体。环境设计是对生活需要的物质表达，其设计需结合心理学、人体工程学研究满足人们生活的空间环境，为人们提供一个更加方便、快捷、舒适的生活环境。同时，环境设计还需借助人的心理情感和行为特征进行研究，对环境进行综合性的调整、改善、创新，为人们提供尽可能优化的生活环境，并尽量满足人们的多元化要求。

图1-2-7 "秋之落叶"装置艺术

图1-2-8 奎尔公园的长椅

从城市的室外到室内的各级空间环境，都应该根据设计的目标要求、服务对象的要求，综合处理环境与人的生活协调问题。例如，西班牙建筑师安东尼奥·高迪设计的奎尔公园，其设计更加亲近人性的行为，让人仿佛置身童话般的奇幻世界。公园中的蛇形曲线长椅根据人机工程学设计，靠背弯度恰到好处。同时，长椅的设计还考虑了不同的使用对象，将外弧作为单人座，内弧略为宽大的作为情侣座，这种独特的设计别有一番情趣，充分考虑了人们的生活（图1-2-8）。

（2）作为自然的生态载体。当今，人类对自然环境的破坏愈演愈烈，过度的开发与建设，使自然界失去了平衡，环境质量不断恶化。环境设计应该保护自然、尊重自然、顺应自然，作为符合自然环境的生态载体。例如，由美国的弗雷德里克·劳·奥姆斯特德和卡尔维特·沃克斯设计的纽约中央公园，被誉为纽约市的"后花园"、曼哈顿的"城市绿肺"等。其公园的规划和设计吸收、借鉴了英国公园运动中自然天地的设计理念，其设计方案以草坪、树木、水为主题，对荒废、平坦的场地进行人工的改造设计，通过种植树木、花草，创建林地、草原、湖泊、地形等自然景观，并在此基础上，添加池塘、喷泉、瀑布、小桥等人工创造的景观作为点缀，形成曲径幽深的林荫园路、田园牧歌似的草坪、风景如画的灌木丛、平静如水的湖面和高低起伏的小山丘等再造的自然环境景观，创造出一个人们亲近自然、休憩游玩的巨型绿肺，作为模拟的第二自然生态环境。并通过公园中的绿植和水调节纽约城市的空气环境，以发挥其公园的综合生态服务系统，提供一种保持城市生态平衡的系统,削减城市的污染、缓解城市的内涝,保护和改善城市生态环境,使居住在城市的人始终能呼吸清新的空气。因此,纽约中央公园以优美的自然环境、清新的空气环境调节着纽约城市的生态系统平衡,是纽约城市的氧库、绿肺(图1-2-9)。

图1-2-9　纽约中央公园

(3)作为社会的责任载体。环境设计离不开人类社会的发展,同时社会也要求环境设计综合考虑人、环境、资源等综合因素。在社会与环境方面,美国设计理论家维克多·帕帕奈克在自己的著作《为真实的世界设计》一书中强调,环境设计师应该担负起对社会的责任,强烈地批判商业社会中纯以营利为目标的消费设计,并提出了环境设计的三个主要问题:第一,设计应该为广大人民服务,而不是只为少数富裕群体服务;第二,设计不仅要为健康人服务,同时还必须考虑为残疾人服务;第三,设计应该认真地考虑地球的有限资源使用问题。因此,环境设计的社会特征不仅是美学价值和经济价值,还是道德价值和社会价值的体现。例如,日本设计师坂茂不仅强调建筑美,更侧重社会责任感。坂茂最为代表性的作品是纸管建筑,在日本神户大地震时,仅用一天时间,就为失去家园的灾民盖起了一座纸板大教堂(图1-2-10);坂茂相继为越南、中国等灾区难民搭建临时住宅,他的设计不仅节约成本,提升了社会经济,还为人民服务,提升了社会责任感(图1-2-11)。

图1-2-10　纸板大教堂　　　　　　　　　　图1-2-11　临时过渡安置建筑

二、对环境设计专业学习的几点思考

1. 回归自然环境

工业化在为人们创造巨大经济效益的同时,也为人类带来了无穷无尽的灾难,它极大地破坏了我们赖以生存的自然环境,导致了全球变暖、能源枯竭等各种问题的产生。这些问题促使我们不得不思考在以后的社会生活中应采取怎样的生活方式,是继续以破坏环境为代价发展经济,还是保护我们的生活环境?

因此,我们不再盲目地崇拜高楼大厦的鳞次栉比,更多地追求回归自然的环境美感。环境设计回归自然应做到两个方面:第一,必须有环境保护的意识,尽最大努力节约资源,减少投放垃圾;第二,设计师要尽可能地创造生态环境,让人类最大限度地接近自然,满足人们回归自然的要求。这也就是我们所常说的生态设计、绿色设计和可持续设计。在时刻秉承"回归自然"设计理念的同时,应用自然色彩和天然材料创造新的肌理效果,运用具象和抽象的设计手法,创造更舒适的、具有田园风格的生存空间。同时,在回归顺应自然的过程中,设计师应该创作出以情入景、以景寓情的景观。

例如,景观办公室是当下流行的一种设计风格。它通过改变交通流线、家具的布置、空间绿化等设计手段,营造轻松愉悦、友好互助的氛围,使办公空间能愉悦身心,充满活力。由 Yuko Nagayama、Associates 与景观设计师 Toshiya Ogino 共同完成的 Sisii 皮具公司办公室兼展厅,其设计采用了断裂手法,将一个个花园融入内部空间,利用高架地板与岩石、植物和树的组成,形成工作区及小花园。各种皮包和服装随机地挂在室内花园中的金属支架上,人们可以在自然景观中轻松工作与欣赏(图1-2-12)。

图1-2-12　Sisii 皮具公司办公室兼展厅

2. 创新科学技术

20世纪以来科技的迅速发展,使环境设计的创作处于前所未有的新局面。新技术极大地丰富了环境设计的表现力,创造出新的艺术形式,尤其新型建筑材料和建筑技术的采用,丰富了环境设计的创作,为环境设计的创造提供了多种可能性。探索和思考如何走出具有中国特色的创新型环境设计发展道路,已成为中国环境设计领域普遍关注的问题。

虽然,科技的创新与进步将会主宰未来的环境设计,但是科技化并不意味着在环境设计中一味地追求高新技术,而是要在此基础上结合当地、当时条件的适宜性创新技术,并且将高技术和高情感相结合。例如,由西班牙建筑大师圣地亚哥·卡拉特拉瓦设计的纽约世贸中心交通枢纽站。由于新设计的交通枢纽站的位置曾经是在"9·11"袭击中被摧毁的 PATH 车站,因此,这座建筑物以白鸽的造型表达其设计的和平理念。建筑整体由钢结构和玻璃构成，从建筑两侧升起的白色支撑结构与中间包裹形成的椭圆形空间构成了整个建筑的主体，白色结构在完成支撑功能之后，继续向天空伸展，好像将要放飞的白鸽，以此铭记"9·11"事件。然而，其建筑更有价值的是白鸽脊背中央露出的一条缝隙，这条缝隙于每年的9月11日上午10点28分通过结构的变化被开启，使阳光从空中笔直的投射到室内地板的正中央，形成一条形刺眼的光带，以纪念那沉重的一刻。此时，整个建筑的情感和科技含义被放大，呈现出其特有的神圣感（图1-2-13）。

图1-2-13　纽约世贸中心交通枢纽站

3. 弘扬民族文化

当代社会，国际化、本土化和民族化是重要的设计潮流。环境设计也紧跟这一思想潮流，提出将环境设计的民族文化和地域特色应用到设计实践创作中，自觉地、有目的地追求与体现地方特色、民族文化，继承并发展不同民族的不同文化特色。例如，由PLAT ASIA团队设计的内蒙古鄂尔多斯响沙湾的莲花酒店，其设计不仅融合了内蒙古的沙漠文化，建筑的整体造型还给人以新鲜感，结构及材料给人以科技感和未来感。该酒店作为典型的沙漠建筑，其设计依据沙漠的特有地理特征，结合了内蒙古当地特有的蒙古包特点聚合而成。在建筑整体结构采用了创新结构，用金属板将建筑锚固在流动的沙地里，克服了沙漠环境的施工问题，建筑的屋顶采用了白色膜结构，并以蒙古包的造型为依托；同时酒店的室内设计也融合了沙漠文化，极大程度地使用沙漠中的材料与元素，例如，建筑的室内墙壁采用与沙漠中沙子的材质与质感相似的材料，在客房区通道的沙子墙壁上利用灯光投射出骆驼的影子，体现出蒙古族的文化特色（图1-2-14）。

图1-2-14　鄂尔多斯响沙湾的莲花酒店

思考题

1. 环境设计的目的是什么？
2. 环境设计的专业特征包括哪几个方面？
3. 环境设计的交叉性表现在哪几个方面？
4. 为什么说环境设计是社会的责任载体？
5. 回归自然的途径有哪些？

第三节　环境设计的发展趋势

当代社会，人们面临环境污染、资源枯竭等一系列的社会问题，人与自然环境之间的关系岌岌可危。设计师们肩负着社会的使命，通过环境生态的可持续性、地域文化的突出表现、环境空间的适居性等手段，创造一个更实用、更合理、更和谐、更完美的环境空间。

一、利用先进的材料和施工工艺解决专业工程技术方面的问题

材料是人类赖以生存的基础条件，是从事建造和造物活动的基础。莫里斯·科恩在为《材料科学与材料工程基础》所作的序言中写道："我们周围到处都是材料，它们不仅存在于我们的现实生活中，而且扎根于我们的文化和思想领域。"不同的施工工艺可以大大增加材料的表现能力，现代施工工艺的进步对材料更是产生了极大的影响。从物理方法到化学方法，一种材料可能会具有几种到几十种不同的肌理表现。材料自身天然的性质和美感在随着时间的推移而逐渐褪去，而现代材料和施工工艺的不断更新可以使材料在环境设计中发挥更持久的作用。

1. 3D打印

3D材料环保性高，可循环利用，效果好，3D打印技术可以有效地降低各种材料制作、造型加工的时间，并完成以往设计中不能解决的施工工艺问题。3D打印材料主要包括塑料、玻璃、金属等原材料。3D打印技术主要利用3D打印材料在计算机数据模型的指导下合成和处理，如果需要调整尺寸，则只需再次添加原材料即可，3D打印具有加工速度快、开发周期短、制造效率高、制造成本低等优点（图1-3-1）。

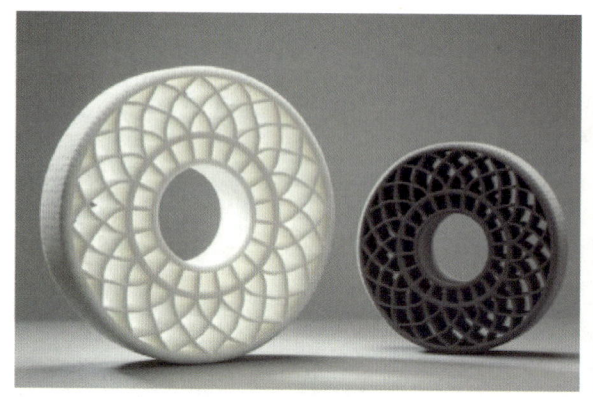

图1-3-1　3D打印零件及打印场景

2. GRC纤维混凝土复合材料

GRC是一种纤维混凝土复合材料，应用领域主要有GRC建筑细部装饰构件、GRC幕板墙、

GRC园林景观制品等。著名建筑师扎哈·哈迪德设计的南京青奥中心应用了大量的轻型GRC幕墙板,并且是国内首次在设计上采用了框架—中心支撑束筒钢结构体系(图1-3-2)。轻型GRC幕墙板的优点是轻质、高强、生产周期快、施工便捷,可实现建筑形体的复杂塑造。

图1-3-2 南京青奥中心

3. 装饰材料质感在环境设计中的应用

相同材料也可以有不同的质感处理,设计可采用巧妙的对缝、拼角或压线等施工手法,以及对材料的肌理进行合理的横纵纹理的设置,通过纹理走向、肌理变化来体现装饰材料的有机组合;而在相似质感的处理上,纹理和肌理有所不同,但材料之间具有相似性,利用现代施工工艺,对其进行组合,根据自身纹理和肌理的关系实施巧妙对接,体现合理性以及在装饰中的美感;但是在不用材料质感之间无论在材料属性还是在用途上所体现的差异性较大,需利用现代施工工艺,除了使用材料对比组合技术,以实现美丽的装饰环境,同时还要采用平面与立体、大与小、粗与细、横与竖和藏与露的有机组合等施工技巧,将其组成和谐的装饰形象(图1-3-3)。

图1-3-3 不同材质施工工艺

设计的创新体现在材料与施工工艺的创新,设计师只有更好地掌握施工工艺技术,才能挖掘出材料的深度表现形式,扩展材料的表现力,为设计创新汲取力量。因此材料的不断更新与施工工艺的不断创新对环境设计的发展起着至关重要的作用。

二、深入挖掘地域特性，提炼地域文化

地域文化是指在一定的地理环境范围内长期形成的地域性的历史遗存、文化形态、社会习俗和生产生活方式等。在一定的地域条件下，如海洋、山脉、河流以及气候特点乃至独有的人文精神等，会对某个地区产生诸多影响，形成该地区特有的文化特色。

1. 地域文化与环境设计之间的关系

环境设计与地域文化之间相互依存、相互作用、相互影响。地域文化是进行环境设计的重要组成部分，在项目设计中除了考虑环境设计自身的审美性和艺术性之外，更应该融入当地的地域特色和文化，使受众人群能够对空间、场所产生认同感和归属感，让设计与文化高度契合，使地域文化在环境设计中得到重生，最终实现两者的共同发展。

2. 地域文化在环境设计中的运用

（1）深入本土，收集素材，探求历史文化。事实上，在环境设计的过程中，如果想要对该地区有深入的了解，必须首先进行实地的调研考察，身临其境地融入到该区域当中，体会当地的历史、文化、习俗等，将地域文化充分地挖掘出来；其次，对设计中涉及的素材进行收集、整理、归纳；最后，总结、分析和研究，提炼出素材中的独特性，确保在地域性基础上更具有艺术价值，提升自身的艺术审美价值。

（2）整合素材，传承文化，构想地域元素。在对地域特色素材的提炼中，通过深化对地域文化的理解，结合当地的历史背景和环境特征，将地域文化资料进行抽象和提炼，使其成为设计元素，并将元素符号化，通过相关设计方法、手段，应用到环境设计的方案设计之中，经历认识、转化、提炼的过程，更有利于在设计加工过程中具体化、形象化，最终形成方案设计中的地域文化元素（图1-3-4）。

图1-3-4 古典样式的柱梁与现代空间的结合（福建青普土楼文化行馆）

（3）元素分析，相互融合，创新设计形式。设计需要对传统元素符号进行分析和创新，深入挖掘地域文化，收集更多的可识别文化符号，实现环境设计与地域文化的有机融合，设计师应注意把握地域文化现象，深化地域文化内涵，探索地域文化的精髓。应用和创新地域文化符号，更多的是对地域文化内涵的深刻理解与认知，并非一味地模仿，简化内部结构，去除多余的组件，要从环境设计的角度出发，有效表现传统地域文化特征与现代设计理念相互结合，创造更为符合实际设计案例空间需求的元素符号。例如，吾同空间是一家新品质的概念化餐厅，其中将漆成的白色木穿插于空间设计之中，形成林的视觉感受，使用白漆自然着色，表现出霜附着的效果，自然生长的线条构建了一种有生命力的空间；将树枝表面烧成黑色，使其错综复杂地交织在墙面上，呈现出山若隐若现的形态（图1-3-5）。

图1-3-5 吾同空间中的林元素和山元素

3. 地域文化在环境设计中的应用原则

（1）尊重自然，实现环境设计与自然环境之间的和谐发展。设计师在进行相关环境设计时，核心就是要尊重自然环境。所谓"尊重自然环境"，既是对本土文化的理解与挖掘，将传统的元素通过设计师的创新进行重新塑造，又是对自然环境的保护与可持续。经典的设计作品之所以能够实现建筑与地理环境的和谐统一，不仅是因为设计师对当地历史文化、地形地貌，文化习俗等区域特征的充分理解，同样也是对光影、色彩、气候等自然条件的细致观察，如果设计师不尊重当地的自然环境，那么在地域文化的传承与创新上也是空想，我们必须将环境设计与自然环境因素完美结合，注重自然与设计之间的协调统一。

（2）理性传承，实现环境设计与现代技术之间的去粗取精。随着现代技术不断被应用到环境设计之中，设计师应该与时俱进，运用新技术新材料与本土元素相互结合。著名华裔建筑师贝聿铭先生在苏州博物馆设计中突出"中而新，苏而新"的设计理念。"苏"主要体现在苏州古城风貌和人文内涵的融合上；"新"主要体现在材料与技术的使用上。在建筑中庭的屋顶设计上，以三角形和菱形为主要形态，通过形体的相互交错，形成了更加丰富的形态特点；在材料运用方面，传统的木梁和木椽构架系统被现代的开放式钢结构所取代，在整体建筑设计中，传统精神与现代技术、材料进行了完美的结合（图1-3-6）。

（3）弘扬传统，实现环境设计与地域文化之间的高度融合。地域文化的形成并非一朝一夕，其形成过程对人们的思想、认识、行为习惯等有着极为深刻的影响。随着时代的不断发展变化，我国传统地域文化逐渐与现代文化相融合，在实践过程中应当充分尊重传统文化，实现地域文化"活的继承"。在富阳文村改造项目中，王澍遵循老式建筑的设计式样，对老旧房屋进行翻新，在材料应用中，坚持使用具有本土化特点的材料作为建筑物的立面设计，并且保留灰色、黄色、白色的三色调，以达到理想中的美丽宜居乡村景象，就像王澍经常说的那样：未来的乡村，其实是一种"隐形城市化"的状态，有生态的环境，有传统的历史，有现代化的生活（图1-3-7）。

图1-3-6 苏州博物馆

图1-3-7 富阳文村

三、关注环境保护，注重可持续发展

可持续发展是指"在不影响自身需求和后代能力的情况下，满足当代人的需求"。我们今天的发展不应该去透支未来的发展，应有条件地使用可再生资源；减少废弃物对自然的污染，这不仅是对自然环境的保护，更是社会、文化、经济的可持续发展。当代设计师必须要有环境保护意识，设计中优先考虑使用环保材料，节约自然资源，创造生态环境，满足人类最大限度接近自然、回归自然的要求。

1. 可持续环境的设计原则

（1）可持续环境设计中的5R原则。

● 再评价（Revalue）：社会的快速发展使人们不惜牺牲有限的地球资源，破坏生存环境，导致人类自身生存环境遭到威胁，随着当今设计"统一化""标准化"的来袭，相互攀比、盲目跟风等不良风气，对设计、对使用者的不负责任，造成了严重的环境污染和破坏。因此，对于新时代的设计师而言，应重新审视对设计的"再思考""再认识"，以寻求设计的新方向。

● 更新（Renew）：对旧建筑、旧空间的更新改造和重新利用，旧建筑的拆除和新建筑的建造都会产生新的资源浪费，增加新的环境负担，因此，充分利用现有质量较好的建筑，通过一定程度的改造后加以利用，满足新需求，将减少大量的资源和能量的消耗，有利于环境保护和顺应可持续发展的理念。

● 再使用（Reuse）：在可持续环境设计中，可以重新利用所有可以使用的旧材料、旧设备、旧家具等。废物利用是减少浪费的最佳方法，通过对废弃物的重新加工、利用，依旧可以以新的功能被应用到设计中去，这样既解决了资源浪费的问题，又达到了可持续发展的目的。

● 回收使用（Recycle）：将各种稀缺资源或大自然不能降解的物质尽可能回收利用，以达到物质的循环使用，不仅可以节约资源，同时还可以很大程度地减少废弃物对自然环境的污染，符合绿色设计理念和可持续发展战略。

● 减少（Reduce）：在可持续环境设计中要减少资源消耗、减少环境破坏和减少对人的不利影响。要求设计师在选择和使用材料时以减少能源消耗、资源浪费、环境污染为基本准则，坚持可持续环境设计。

（2）可持续环境设计中的3F原则。

● 尊重自然（Fit for the nature）：尊重自然、生态优先是可持续设计最基本的内涵，对环境的关注是其存在的根基。不仅要在表面上做到环境设计与自然之间的协调，更重要的是在设计过程和之后的使用过程中与整个自然生态之间相互协调，使人与自然能够保持可持续发展。

- 以人为本（Fit for the people）：是指在设计中从使用者的利益考虑，给予使用者足够的关心，但是必须以服从生态环境保护为大前提，去满足和提高使用者的精神需求和生活质量。
- 顺应时代（Fit for the time）：随着时间的推移，环境设计应变得更具灵活性，以满足来自于使用者的多种需求和应对周围环境的变化。

2. "可持续发展观"在室外环境设计中的应用

（1）尊重自然，有效利用自然景观。在尊重自然的前提下，利用现有的自然资源、地理优势等，减少在设计过程中造成的环境破坏和资源浪费，从而达到设计与环境的双赢。在保护自然生态系统和自然资源的同时，保留和利用现有的植被资源，保持原有的自然景观，实现室外环境设计的可持续发展（图1-3-8）。

图1-3-8　SJAⅢ住宅外观及水池设计

（2）合理配置土地资源和规划景观形式，创造高价值的生态景观。合理配置土地资源，使建筑用地面积与景观用地面积的分配达到合理性，提高城市的环境生态保护与促进自然生态系统的循环发展。严格控制景观投入成本，有效规划景观形式，从而提高室外景观的实用价值（图1-3-9）。

图1-3-9　宁波效实中学东部校区

（3）合理配比绿色植物，提高生态服务性能。根据绿色植物自身多样化和本土化的特征，合理分配植物在景观中的存在形式，有利于提高室外环境质量，改善生态环境，既避免了因搭配不当造成的浪费问题和成本问题，也促进了生态环境的可持续发展（图1-3-10）。

3. "可持续发展观"在室内环境设计中的应用

室内环境是一个相对于室外环境来讲更为封闭的空间，其中存在着一个特有的重要环境问题，那就是室内空气质量问题，即室内空气污染和室内其他物理环境质量。随着环保意识的不断增强，

图 1-3-10 Think of it 餐厅和景观化入口区

人们对大自然更加向往，渴望居住在天然、绿色的环境中，同时环保材料的使用更加保障了人类居住空间的舒适度和健康指数。

（1）使用污染小、节能型材料。室内设计中趋向使用污染小、节能型的材料进行室内装饰装修，确保室内环境的空气质量，减少污染源。

（2）运用自然元素，构建空间环境。现代化室内设计中，充分运用自然光线、空气和绿色植物等元素，在改善室内环境质量的同时，拉近人与自然之间的距离。

（3）提高能源、资源利用率。在进行室内环境设计时，秉承可持续发展设计理念，提高能源、资源的有效利用，以达到保护环境的目的，实现人、自然、建筑的和谐共生。

4、环境设计与可持续发展

环境设计的可持续发展理念可分为：节约资源、节省能源、保护环境和以人为本。以"可持续发展"理念为指导的21世纪的人居环境不仅具有深刻、丰富的文化内涵和地域民族特色，而且更有利于人类社会的长远发展。但是建立这种高度复杂、系统的可持续发展的环境设计体系除了需要环境设计师、建筑师、城市规划师等进行统一设计外，还需要决策者、实施者和使用者共同具有一定的环保意识，只有这样，环境建设才可能实现生态化。在可持续发展和节约型社会的背景下，应该有更多的思考和举措，建立可持续发展的、生态的、人文的环境将成为环境设计和实践的发展方向，通过设计的方向，引导社会价值观，充分利用和弘扬先进文化，促进新的生态文明和谐社会。

1. 我国目前环境设计面临哪些主要问题？
2. 先进的材料和施工工艺解决了哪些技术问题？
3. 地域文化因素如何运用到环境设计中？
4. 可持续环境设计的应用有哪些方面？

第二章 环境设计发展史

第一节 环境设计的起源

人类通过自身力量适应和改造环境的过程,是环境设计的过程,也是文化演进的过程。制造和使用工具是人类进化的开始,也是人类设计意识的开端。使用工具是人类营造生活环境的前提,而制作工具的过程是人类开始学习创造"物质世界"。原始人类从粗糙、打磨抛光的旧石器时代到在石器上装饰的新石器时代,是人类设计史上一次质的飞跃。

最早的原始人类是以天然洞穴或者构木为巢作为栖身之所,随着冰河时代的结束,自然环境发生巨变,人类走出洞穴开始在地面上构筑居所,慢慢发展到有了居住地。随着氏族家庭的繁盛形成小群体,原始村落开始出现。随着社会结构变化,城市开始出现,地域关系的聚居取代了血缘关系的聚居,并逐渐形成具有权力关系的公共建筑,比如象征中央集权的宫殿、圣祠和陵墓等。

总而言之,环境设计史其实是人类为满足自身生存和审美需求,而不断探索和突破的过程。

第二节 环境设计发展史

一、古代环境设计发展史

(一) 国内环境设计发展史

1. 夏朝时期

(1) 城市方面。夏朝时期已经建造城池与开凿沟洫。城池有御敌护城的作用,沟洫有给水排水的功能,是现代化城市的先驱。

(2) 建筑方面。建筑材料以土木为主,无法长期保存,只能靠一些发掘的遗址来推测当时建筑的样子。根据发掘研究的结果可以大体看出当时宫殿建筑是建在大型的夯土台上,以夯土台为基座,基座上有一圈柱穴,柱穴里垫有石头作为柱基;墙体以木骨为架,草泥为皮,就是墙体以木架做出大体形状,再用草泥进行填充,和现在的钢筋混凝土墙体有些类似;屋顶以木为架,上面用茅草覆盖。当时的宫殿是豪华的茅草屋,是君主的房屋,普通人和奴隶的房屋还是以地穴为主。夏朝的遗址以二里头遗址最具代表性,但其形制和结构都已经比较完善,其建筑格局被后世所沿用,开创了中国古代宫殿建筑的先河,并且这里的宫殿遗址是最早规模较大的庭院式木架夯土建筑(图 2-2-1)。

图 2-2-1　夏朝二里头遗址

2. 商朝时期

（1）城市方面。商朝时期出现了较为正规且有一定规模的早期城市，出现了宫城、内城、外城的格局，还出现了城墙。殷墟功能划分相当明确，具备之前都城的构成要素，如宫室、供水设备与排水系统、各式作坊、民居建筑等。例如，殷墟的洹北商城，具有高大的城墙、威严的宫殿，特别是严格的"中轴线"布局，成为数千年来中国历代城市的特征（图 2-2-2）。

图 2-2-2　殷墟的洹北商城

（2）园林方面。在商末周初，不但"帝王"有囿，奴隶主也有囿，只不过在规模大小上有所区别。从各种史料记载中可以看出商朝的囿，多借助于天然景色，让自然环境中的草木鸟兽及猎取来的各种动物滋生繁育，加以人工挖池筑台，掘沼养鱼。囿范围宽广，工程浩大，一般都是方圆几十里或上百里。囿不仅供奴隶主狩猎，同时也是欣赏自然界动物活动的场所。

（3）建筑方面。商朝建筑主要以宫殿宗庙建筑和王陵大墓为代表，造型庄重肃穆、质朴典雅，反映了中国古代建筑特有的均衡感、秩序感和审美意趣，集中体现了殷商时期的宫殿建设格局、建筑艺术、建筑方法和建筑技术，代表了中国古代早期宫殿建筑的先进水平（图 2-2-3）。商朝房屋建筑主要使用土木建造的庭院式房屋。

3. 周朝时期

（1）园林方面。从有关记载，如《周礼》的"园圃树果瓜，时敛而收之"；《说文》的"囿，养禽兽也"；《周礼地官》的"囿人，……掌囿游之兽禁，牧百兽"等中，可以看出囿的作用主要是放牧百兽，以供狩猎游乐。在园、圃、囿三种形式中，囿具备了园林活动的内容，特别是从商朝到了周朝，就有周文王的"灵囿"。据《孟子》记载"文王之囿，方七十里"，里面养有兽、鱼、鸟等，不仅可供狩猎，同时也供周文王欣赏自然之美，满足他审美享受的场所。囿可以说是我国古典园林最初的一种形式。

图2-2-3 殷墟的宫殿遗址

（2）建筑方面。西周建筑技术上的突出成就是瓦的发明，出现了半瓦当，此外还出现了铺地方砖和三合土（白灰+砂+黄泥）墙体抹面。建筑中使用木结构和封闭式的有中轴线的院落式布局的特点。陕西岐山凤雏的西周早期遗址是我国已知最早、型制最严整的四合院建筑，二进院落，中轴对称，前堂后室，大门前有影壁。种种迹象表明，在后世逐渐完善起来的中国古建筑特征在西周时期就已经具有了雏形（图2-2-4）。

4. 春秋战国时期

（1）城市方面。战国时成书的《考工记》记载的"匠人营国，方九里，旁三门，国中九经九纬，经涂九轨，左祖右社，面朝后市，市朝一夫"，被认为是当时诸侯国都城规划的记录，也是中国最早的一种城市规划学说（图2-2-5）。

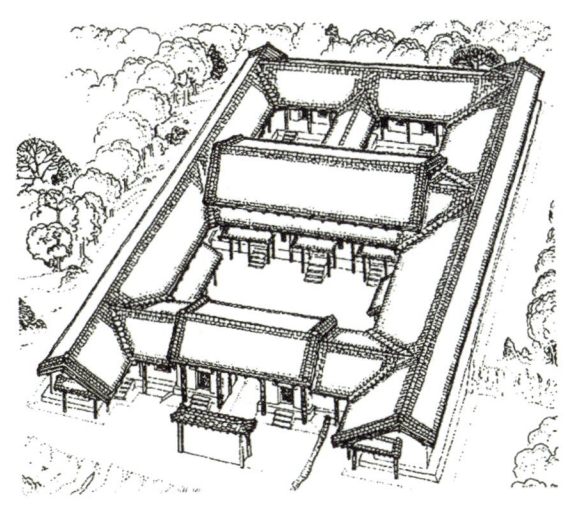

图2-2-4 陕西岐山凤雏的西周早期遗址

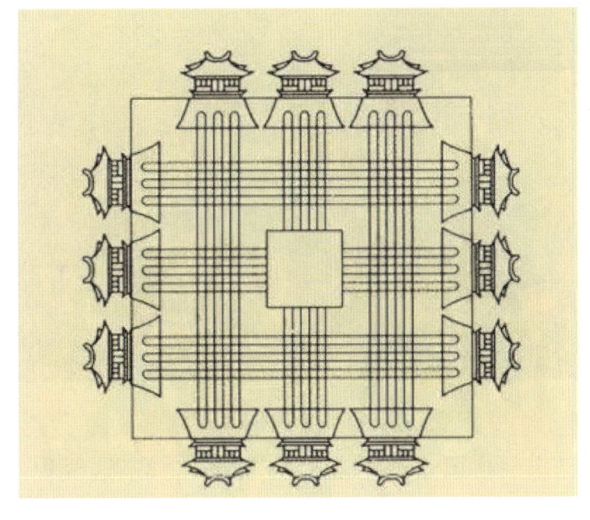

图2-2-5 根据《考工记》绘制的王城图

（2）园林方面。史书曾记载，吴王夫差曾造梧桐园（今江苏吴县）和会景园（今浙江嘉兴），"穿沿凿池，构亭营桥，所植花木，类多茶与海棠"，说明当时造园活动用人工池沼，构置园林建筑和配置花木等手法已经有了相当高的水平，上古朴素的囿形式得到了进一步的发展。

（3）建筑方面。春秋战国时期文化、艺术比较发达，各诸侯国皆大兴土木，"高台榭，美宫室"，在建筑上也有很大的进步，如宫室建筑下有台基，梁柱上有装饰，墙壁上有壁画，砖瓦的表面有精美的图案花纹和浮雕图画（图2-2-6）。

（4）室内方面。陕西凤翔秦雍城遗址中出土了青砖（36cm×14cm×6cm）和有表面具有纹饰的空心青砖（目前发现的最早用砖的实例）。此外，建筑装饰及色彩也有极大的进步，如"山节藻悦""丹楹""刻桷（jué）"。

5. 秦朝时期

（1）城市方面。秦始皇统一六国后，开始了中国建筑史上首次规模宏大的工程，如上林苑、咸阳城、陕西临潼秦始皇陵。

（2）建筑方面。秦汉的统一促进了中原与吴楚建筑文化的交流，建筑规模更为宏大，组合更为多样。建筑类型以都城、宫殿、祭祀建筑（礼制建筑）和陵墓为主。

图2-2-6　春秋战国的宫殿

● 宫殿建筑：秦朝是我国古代社会宫室的鼎盛时期。例如秦始皇兴建的咸阳宫，一号宫殿遗址的建筑大多单层式样，大体分为两层，上层大约建造在5m的夯土台面上，各层建筑之间排列整齐，主次分明，建筑结构为大木架构与夯土相结合。外观上突出建筑的柱、枋等轮廓，屋顶低平，出檐不大。建筑结构主要使用木材，屋面和地面使用陶质建材（瓦和地砖等）。

● 墓葬建筑：陕西临潼县骊山秦始皇陵的建设规模空前宏大，开创了我国古代帝王陵墓的新格局和新形制。陵园的南北纵轴基本与子午线相重合，建筑基址中部稍高，四周围绕回廊，采用草拌泥块，大量砖瓦建造。

● 长城：秦长城以城墙为主体，东起辽东、西至临洮、绵延万里的长城，包括了城障、关城、兵营、卫所、烽火台、道路、粮舍、武库诸多军事和生活设施，是具有战斗、指挥、观察、通信等综合功能，配合军事防御的体系（图2-2-7）。

图2-2-7　包头秦长城遗址

6. 汉朝时期

（1）城市方面。都城规划由西周的规矩对称，经春秋战国向自由格局转变，又逐渐回归于规整，到汉末以曹操邺城为标志，规模巨大。

（2）园林方面。秦汉之际的私家园林置景粗放，主要为种植广博，动物活鲜，山水配合建筑构成图景。园林由分享自然转向铺陈自然，进而对自然进行模拟和缩景，为私家园林对自然景物的发轫阶段。这个过程与皇家园林在最初的发展情形一致。

（3）建筑方面。汉代木构建筑技术日趋成熟，已出现抬梁式、穿斗式（图2-2-8）这两种主要的建筑结构，而且多层木构建筑也普遍出现。斗拱形式虽不统一，但已普遍出现。屋顶形式以悬山、庑殿为多，也有歇山和屯顶，唯一没有硬山。制砖技术和石建筑在东汉时期突飞猛进，如四川雅安东汉益州太守高颐墓石阙（图2-2-9）。汉代的重要建筑类型是祭祀建筑，其主体仍为春秋战国以来盛行的高台建筑，呈团块状，取十字轴线对称组合，尺度巨大，形象突出，追求象征涵义。

7. 魏晋南北朝时期

（1）园林方面。魏晋南北朝时期是中国古代园林史上一个重要的转折时期。文人雅士寄情山水，风雅自居。豪富们纷纷建造私家园林，把自然的风景山水缩写于自己的私家园林之中。魏晋南

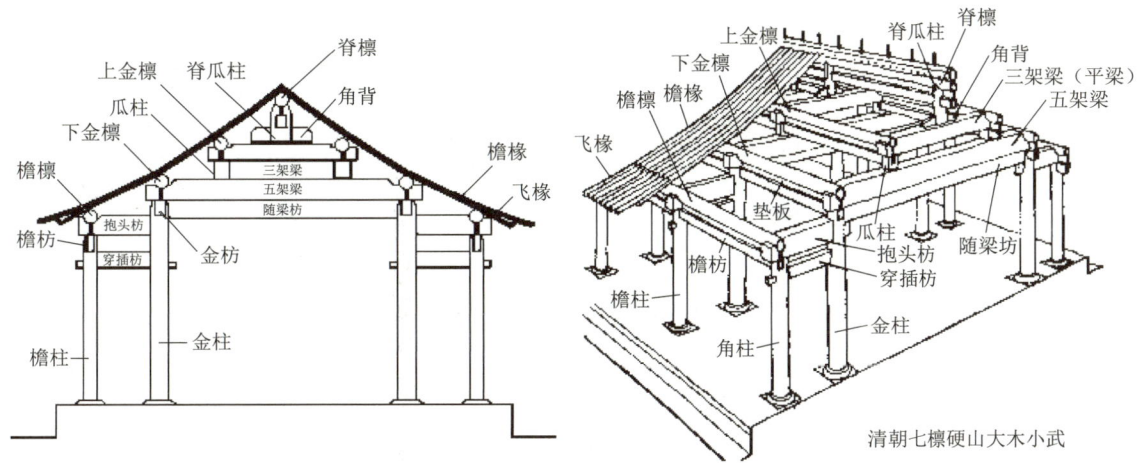

图2-2-8 抬梁式和穿斗式建筑

北朝时期的著名画家谢赫在《古画品录》中提出的六法：气韵生动、骨法用笔、应物象形、随类赋彩、经营位置、传移模写，对我国园林艺术创作布局、构图、手法有较大的影响。

北魏洛阳的皇家园林，在《洛阳伽蓝记》记载中就有描述："千秋门内北有西游园，园中有凌云台，那是魏文帝（苔五）所筑者，台上有八角井。高视于井北造凉风观，登之远望，目极洛川。"从记载中可以略见魏晋南北朝时期皇家园林已具有规模大、华丽、建筑量大，但却没有私家园林富有曲折幽致、空间多变的特点。

（2）建筑方面。魏晋南北朝时期的300多年间，建筑设计吸收异域文化特征，在技术、形式和功能等方面主要是继承和运用汉代的建筑成就。佛教的传入对佛教建筑的发展影响很大，高层的佛塔开始出现，同时带来了印度、中亚一带的雕刻和绘画艺术，不仅影响了我国的石窟、佛像、壁画（图2-2-10）的发展，也对建筑艺术影响巨大。其中最突出的建筑类型是佛寺、佛塔和石窟寺。洛阳永宁寺塔是北魏最宏伟的建筑之一（图2-2-11）。南北朝时期的石窟寺极为盛

图2-2-9 四川雅安东汉益州太守高颐墓石阙

行，它是在山崖的陡壁上开凿出来的洞窟形式的佛寺建筑（图2-2-12）。敦煌莫高窟，俗称千佛洞，始于北魏终于元代，是一座集建筑、绘画和雕塑为一体的举世闻名的佛教艺术宝库。

8. 隋朝时期

（1）城市方面。隋代创建了大兴（今长安）和东都（今洛阳）两座有完整规划、规模宏伟的都城。隋建东都，吸收南朝建筑的优点，把南朝先进的规划和建筑技术引入北方，促进了建筑的发展。隋大兴的总体布局形成规整的棋盘式布局，城内佛寺很多，城东南角原有曲江，地形复杂。从当时统治阶级的利益出发，使宫城、官府与民居严格分开，把官府集中于皇城中，功能分区明确，是大兴城建设的革新之处，在布局上把宫城放在居中偏北。南面为皇城，集中设置中央集权的官府衙门、官办作坊和仓库、禁卫部队等，皇城三面用居住里坊包围。大兴城的规划大体上仿照汉、晋至北魏时所遗留的洛阳城，故其规模尺度、城市轮廓、布局形式、坊市布置都和洛阳城很相似（图2-2-13）。

图 2-2-10　敦煌莫高窟壁画

图 2-2-11　洛阳永宁寺塔

图 2-2-12　石窟寺

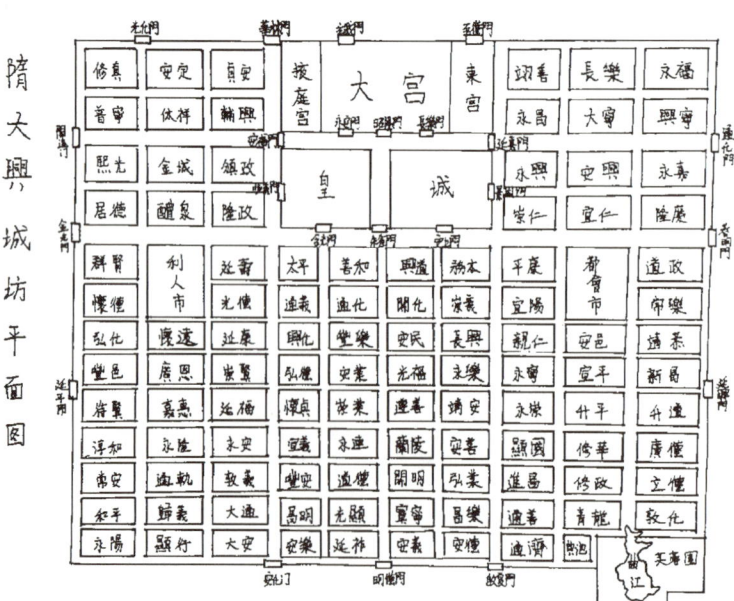

图 2-2-13　隋朝大兴城坊平面图

(2)建筑方面。隋代的陶屋对当时建筑的细部表现得较全面,如正脊的鸱尾、垂脊端部的兽面瓦。七铺作偷心造斗拱、八角形檐柱,还有柱中段的束莲装饰,柱根的地栿等细部,都准确地反映出当时建筑物的外观形象和构造特点。

河北赵县的安济桥,无论是从工程结构还是艺术造型,都是世界第一流的杰作。河北赵县安济桥又称赵州桥或者大石桥,由隋代名匠李春主持建造,它是世界上最早出现的敞肩拱桥(或称空腹拱桥),在技术上、造型上都达到了很高的水平,是我国古代建筑的瑰宝(图2-2-14)。

图2-2-14 赵州桥

9. 唐朝时期

(1)城市方面。唐朝时期是中国古代建筑发展成熟的时期。唐朝首都长安原是隋朝规划兴建的,后逐渐扩充成为当时最宏大繁荣的城市。长安城的规划总结了汉末邺城、北魏洛阳城和东魏邺城的经验,在方整对称的原则下,沿着南北轴线,将宫城和皇城置于全城的主要地位,并以纵横相交的棋盘形道路,将其余部分划为108个里坊,分区明确,街道整齐。总之,唐朝长安城将城市进一步规划,使之成为我国古代都城中最为严整的(图2-2-15)。

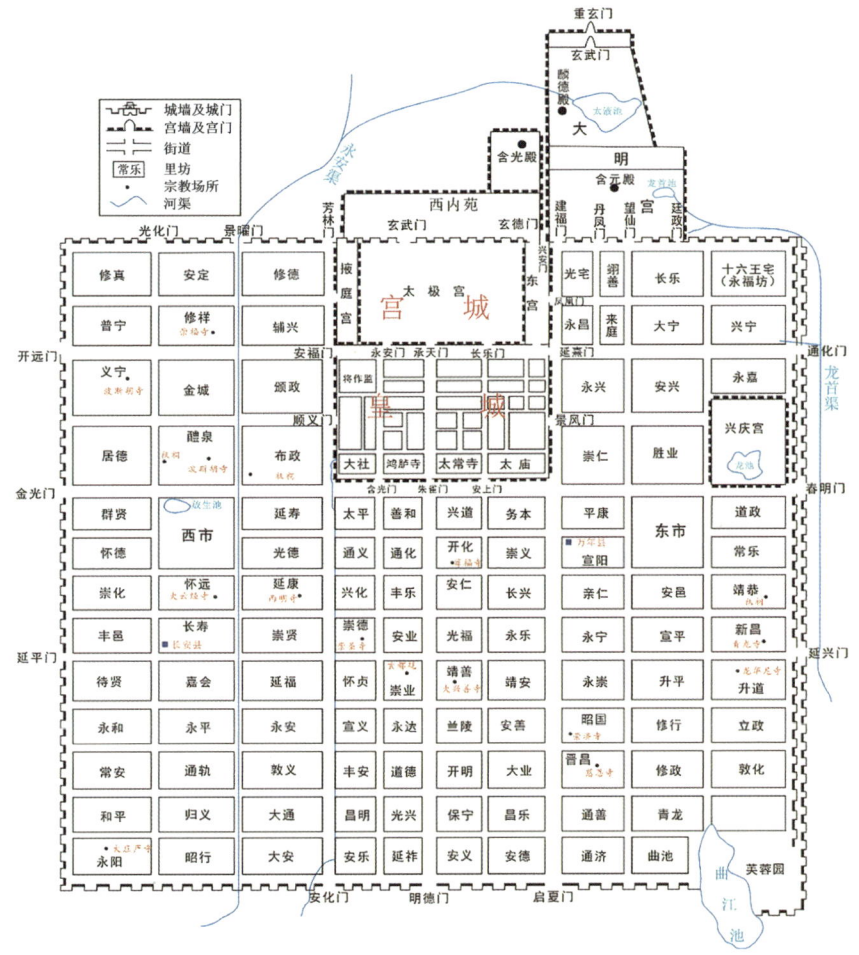

图2-2-15 唐代长安城示意图

图2-2-16　白居易的草堂

(2) 园林方面。唐朝所建著名园林之一华清宫，自古就是游览沐浴圣地。唐朝天宝六年，李隆基命令大肆扩建，治汤井为池，池在宫室中。宫殿群周围筑以罗城，取名华清宫，体现了我国早期自然山水园林的艺术特色，是因地制宜的造园佳例。

唐朝文人画家以风雅高洁自居，将诗情画意融于私家园林之中，追求抒情的园林趣味。著名诗人白居易在庐山营建的草堂，布局上以水竹为主，总体环境设计把草堂和周围的自然景色有机地融为一体，交相辉映，达到了白居易所追求和神往的理想境界。草堂是唐朝著名的别墅式私家园林，在我国园林发展史上占有浓重的一笔（图2-2-16）。

(3) 建筑方面。唐朝为控制建筑规模，订立了法规称《营缮令》，要求按照等级修建房屋的面积和式样，在居宅上表现出尊卑贵贱的关系。唐朝的宫殿建筑突出主体建筑的空间组合，善于利用地形，强调了纵轴方向的陪衬手法。从展子虔的《游春图》（图2-2-17）及王维的《辋川图》（图2-2-18）中可以看到四合院或三合院的宅邸形制。敦煌壁画及出土的绢画上，也绘有唐代贵族宅邸的形象，有回廊、四合院、带后院的假山等。

图2-2-17　展子虔的《游春图》

佛教在唐朝进一步发展，唐朝兴建了大量的寺、塔、石窟，佛塔采用砖石构筑居多。唐时砖石塔有楼阁式、密檐式与单层塔三种形式，以西安大雁塔为代表（图2-2-19）。山西五台山佛光寺历史悠久，有"亚洲佛光"之称，唐建中三年（公元782年）的五台县南禅寺正殿，是山区中一座较小的佛殿，也是中国目前现存的最早的木结构建筑（图2-2-20）。佛光寺的唐朝建筑、唐朝雕塑、唐朝壁画、唐朝题记，历史价值和艺术价值都很高，被人们称为"四绝"。唐玄宗开元初年（公元713年），海通和尚为减缓水势，在岷江、青衣江和大渡河三水合汇流处，历时90年建成著名的乐山大佛，为弥勒坐佛，头与山齐，脚踏江水，大佛体态匀称、神情肃穆、雍容大度、气魄雄伟。大佛通高71m，是世界最大的石刻大佛（图2-2-21）。

图 2-2-18 王维的《辋川图》

图 2-2-19 西安大雁塔

图 2-2-20 五台县南禅寺正殿

（4）家具方面。唐朝家具产生于隋唐五代时期，由于垂足而坐成为人们的习惯，所以高型家具迅速发展，并出现新式高型家具的完整组合。典型的高型家具，如椅、凳、桌等在上层社会非常流行。这一时期的家具具有高挑、细腻、温雅的特点，且以木质家具居多（图 2-2-22）。

10. 宋朝时期

（1）城市方面。宋朝时期的东京，城内规划有五丈河、金水河、汴河、蔡河穿过，其中汴河是远通江南的漕运渠道，"东南方物，自此入京城，公私仰给焉"，张择端《清明上河图》中描绘了汴河中运输繁忙的景象。传统的里坊制已被彻底废除，取而代之的是到处布满繁华街市的不夜之城，这是中国城市发展史上的一大进步。官府衙署一部分在宫城内，一部分则在宫城外，和居民杂处，不如唐代长安城那样集中（图 2-2-23）。北宋时设立专门的消防队和瞭望台，街道也不像长安城那样砥直，反映出改建旧城的特色。宫城前御街很宽，两旁有御廊，街面用杈子（木栅栏）分隔为三股道，中间一股为皇帝御道，御道两侧还有御沟。

图 2-2-21 乐山大佛

图 2-2-22 唐代家具

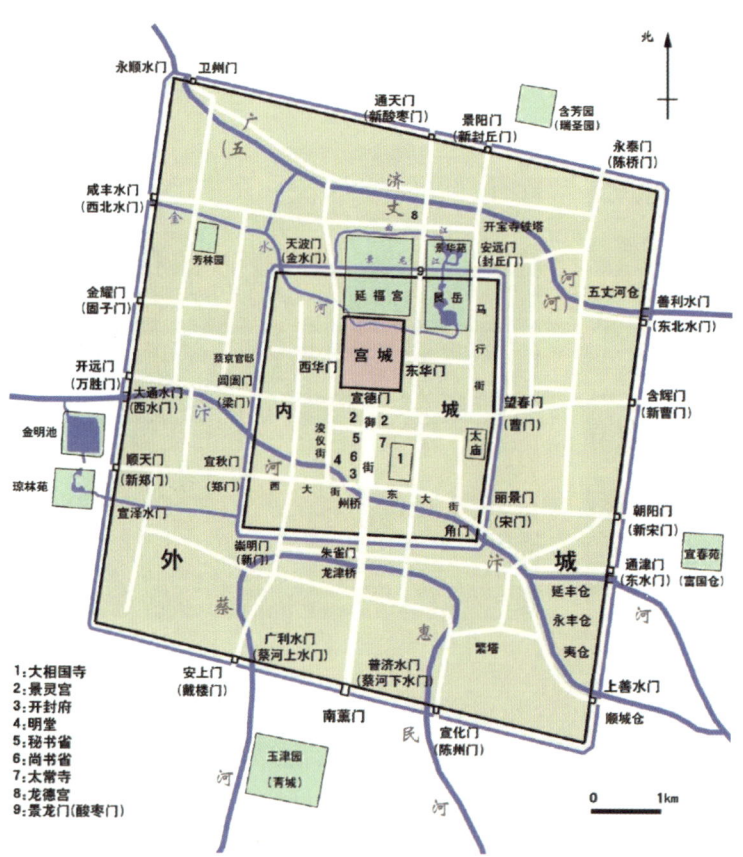
图 2-2-23 北宋东京城市规划图

（2）园林方面。宋朝时期的园林以原有自然风景为基础，加上人工规划、布置，创造出各种意境的园林设计，追求把自然美与人工美融为一体的意境，给人一种轻柔的感觉。因为受文人画家的影响，园林也具有写意园林艺术的特色。私家园林的写意山水园往往都是人工为主，写意为辅的艺术特色。1071年，苏东坡在此组织修建了长堤，后人为纪念他，将长堤命名为苏堤（图2-2-24）。用一条长堤，增加西湖水面空间的层次，丰富了西湖水面景色，这种设计构思，可以说是我国最早期城市园林的极好实例之一。

图 2-2-24 苏堤

(3) 建筑方面。宋朝建筑物的类型多样,整体上来说简练、生动、严谨、秀丽,给人以亲切之感,其中杰出的建筑都是佛塔、石桥、木桥、园林、皇陵与宫殿。《营造法式》是北宋官方颁布的一部建筑设计施工规范,书中把"材"作为造物的尺度标准,采用了古典的模数制,即将木架建筑的用料尺寸分成八等,按屋宇的大小、主次量屋用"材","材"一经选定,整套木构架部件的尺寸都按规定来,用以掌握设计与施工标准,保证工程质量。

这一时期的砖石建筑的水平达到新的高度,主要是以建筑佛塔为主,其次是桥梁。宋塔的特点是多采用八角形平面,少数用方形或六角形形制,可供登临远眺的阁楼式塔,塔身多做成筒体结构,墙面及檐部多仿木建筑形式或采用木构屋檐。河南开封祐国寺塔则是在砖砌塔身外面加砌了一层铁色琉璃面砖做外皮,是我国现存最早的琉璃塔(图 2-2-25)。

(4) 室内方面。宋朝的室内设计受唐朝的影响很大,但在装饰方面比唐朝精致,宋代时,琉璃瓦、雕刻及彩画等较之前更为发达。室内布置主要采用木装修来进行空间分隔,《营造法式》列出的 42 种小木作制品充分说明宋朝木装修技术的成熟。

11. 元朝时期

(1) 城市方面。元大都遗址位于北京市海淀区和朝阳区境内,北土城路南侧和西土城路西侧。道路系统规划整齐,成方格网,城的平面布局呈长方形,城市的中轴线就是宫城的中轴线。全城道路分干道和"胡同"两类,胡同以东西向为主,在两胡同间的地段上再划分住宅基地。城内市肆是分散的,而以漕运终点海子东北岸最为热闹,其次是皇城东西两侧的交叉路口,城北部则比较荒凉。大都城内南北大道设有石砌沟渠排泄雨水。在全城的中心地带设立钟楼和鼓楼(图 2-2-26)。

(2) 园林方面。元朝在园林建设方面比较有代表性的是元大都和太液池。大都的规划除借鉴前人经验外,更重要的是根据城市自身的需要和地理环境条件提出符合实际

图 2-2-25 河南开封祐国寺塔

的方案，例如放弃旧城城西水源不足的莲花池供水系统另觅高梁河作为城市水源、方整规则的道路网、充分利用旧城的基础促进新城的建设。

（3）建筑方面。元代建筑粗放不羁，在金代盛用移柱、减柱的基础上，更大胆地减省木构架结构。元代木构多用原木作梁，因此外观粗放。因为喜欢白色的缘故，元代建筑多用白色琉璃瓦，为这一时期的建筑特色。

1）宫室建筑：大都宫城的阙角隅之制都沿用了中国传统的办法，但后宫的布置采取了较为自由的布局，这种自由性在上都宫殿中表现得更为突出。

2）帐篷建筑：还有一些纯蒙古式的帐幕建筑，这些帐幕规模大，装饰豪华，称为"帐殿""幄殿""毡殿"（蒙古语称"斡耳朵"）。

3）宗教建筑：元朝统治者崇信宗教，尤其是藏传佛教，这一时期的宗教建筑异常兴盛，例如北京的妙应寺白塔，是一座由尼泊尔工匠设计建造的喇嘛塔（图2-2-27）。

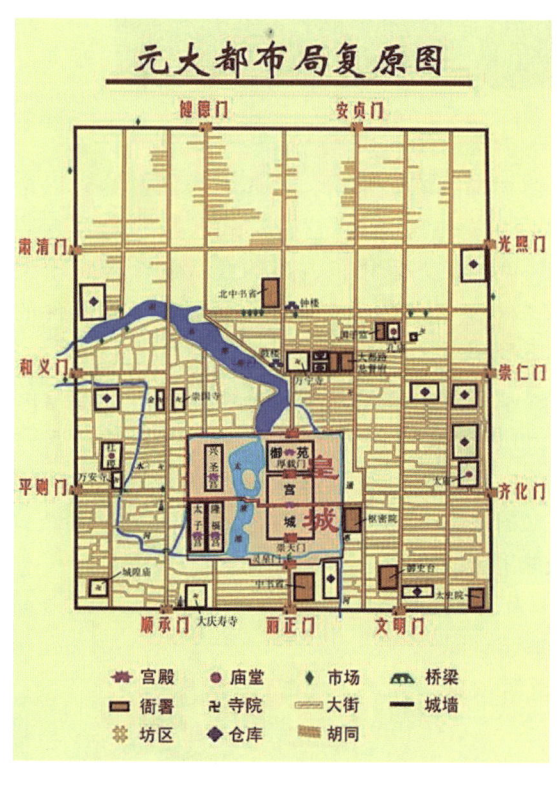

图2-2-26　元大都布局复原图　　　　　　图2-2-27　北京的妙应寺白塔

（4）室内方面。元大都宫殿的另一特色是色彩和室内装饰：白石阶基红墙、涂红门窗、朱地金龙柱、朱栏、大量间金绘饰、配以各色琉璃，色调浓重、强烈、犷悍。

12. 明清时期

（1）城市方面。明朝北京城是利用元大都原有城市而改建的，清朝北京城的规模没有再扩充，城的平面轮廓也没有改变，主要是营建苑囿和修建宫殿。

（2）园林方面。中国园林在世界上享有很高的声誉，明清时期的中国园林已经发展到顶峰时期。明清园林重在求"意"，重在表达人与园或者人与自然的内在哲理，"意"比"神"有更高的意境。中国园林的民族特点表现为重拾自然之美，追求曲折多变的空间，崇尚意境。

清朝初期的园林有两个特点：一是建筑装修简朴，追求自然风趣；二是多数苑囿修建皆有一定的政治目的。造园艺术主要有以下几个特点：

1）园林的功能生活化，明朝中期以后造园艺术普及，园中活动内容增加，建筑物比重比以往得到提高，说明园林和日常生活的关系更为密切，"居"成为园林的主要功能，这种园林实质上是住宅的扩大与延伸。

2）造园艺术的密集化，园内活动增加，建筑物比重提高，景物配置也相应地增加，在有限的园林面积中，既要安排众多的活动内容，又要追求自然意趣，必然产生密集化的结果，这是明朝末期以后我国私家园林的共同趋向。

3）手法的精致化，为了在小型园林中创造出丰富的意境，景物布置得"宜花""宜月""宜雪""宜雨"以供各种时令和气候游览，空间处理小中见大、曲折幽深、假山奇峭、洞壑幽深使园林建筑已从住宅建筑样式中分化出来，自成一格，具有活泼、玲珑、淡雅的特点。例如，苏州园林中的留园艺术成绩最为突出（图2-2-28）；皇家园林中的颐和园最为经典和完整（图2-2-29）；避暑山庄是中国现存最大的园林，其规模宏大，在环境设计上巧借山势地形，总体规划布局和园林设计方面充分利用自然山水的景观条件，营造朴素淡雅的山野格调，达到回归自然的境界（图2-2-30）。

图2-2-28　留园

图2-2-29　颐和园

图 2-2-30 避暑山庄

《园冶》成书于明代崇祯四年（1631年），刊行于崇祯七年，由计成撰写，总结了明代园林的造园技术，使中国古典园林精粹历经千余年的流变而得以张扬。

（3）建筑方面。明清建筑到达了中国传统建筑最后一个高峰，呈现出形体简练、细节繁琐的形象。官式建筑由于斗拱比例缩小，出檐深度减少，柱比例细长，生起、侧脚、卷杀不再采用，梁枋比例沉重，屋顶柔和的线条消失，因而呈现出拘束但稳重严谨的风格，建筑形式精炼化，符号性增强。

1）明朝宫殿：明朝宫殿是传统礼制文化再兴的代表作品，使中国封建专制秩序在建筑的形象表现上走上了极端。建筑布局上，院落和空间手法运用成熟，各类建筑性格得到充分的表现，森严的宫殿、崇高的坛塘、静穆的陵墓等都处理得十分成功。单体建筑比唐元更为定型化，取消了角柱升起，屋檐屋脊变曲线为直线，减小屋檐，缩短屋角起翘，使建筑增添了几分凝练和稳重（图2-2-31）。

图 2-2-31 明朝宫殿

2）传统建筑：四合院又称四合房，是一种中国传统合院式建筑，其格局为一个院子四面建有房屋，通常由正房、东西厢房和倒座房组成，从四面将庭院合围在中间，故名四合院（图2-2-32）。自明代正式建都北京，大规模规划建设都城时期，四合院就与北京的宫殿、衙署、街区、坊巷和胡同同时出现了。

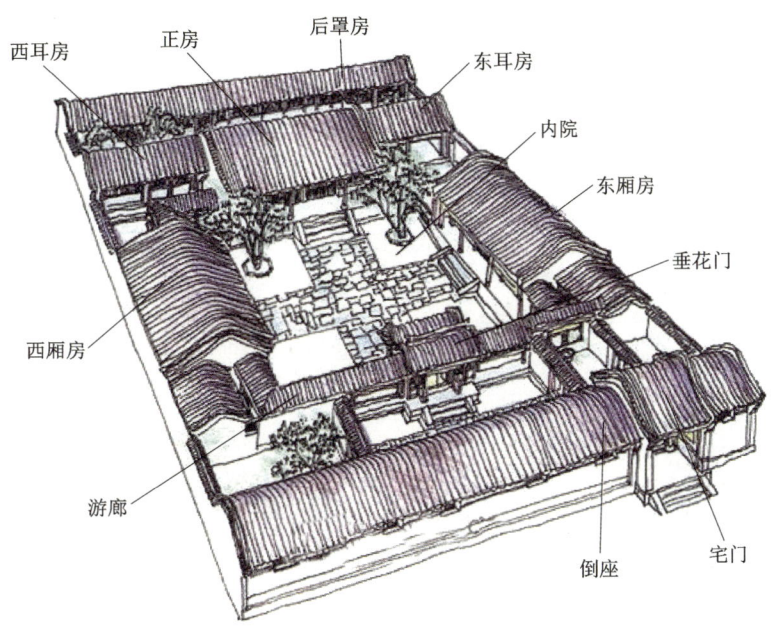

图 2-2-32 北京四合院

(二) 国外环境设计发展史

1. 古埃及

(1) 园林方面。古埃及园林附属于神庙建筑，是初步园林化处理的圣苑，园林设计以林木为主，设有大型水池，花岗石驳岸，种植荷花与纸莎草，并放养神物鳄鱼。

(2) 建筑方面。古埃及的建筑善于运用水系和树木来营造建筑的环境，宗教建筑和陵墓建筑最具代表性。

1) 宗教建筑：庙宇建筑群的代表性建筑是卡纳克阿蒙神庙，反映了早期宗教的多神崇拜形式，法老代表人与神相交的最高祭司，也是人间的最高统治者。建筑幽暗，富有神秘性。在建筑空间形态上以轴向分布，给人以心理上的压制，让人感知到对未知世界的恐惧（图 2-2-33）。

2) 陵墓建筑：陵墓建筑典型的代表是吉萨金字塔群，反映了古希腊当时科学进步和建构技术

图 2-2-33 卡纳克阿蒙神庙

的发达。最著名的金字塔是国王法老的陵墓。最高的金字塔高达146m，宏伟壮观，庄严肃穆，尺度宏大（图2-2-34）。

图2-2-34　吉萨金字塔群

2. 古希腊

（1）城市方面。古希腊的总体布局并不规则，城市广场是重要的组成部分。古希腊的雅典卫城是集建筑、城市规划为一体的传世之作，以神庙为主，顺应地形特征，将建筑周围的环境融合成和谐的状态，堪称西方古典建筑群体组合的最高艺术典范（图2-2-35）。

图2-2-35　雅典卫城

古希腊的竞技场是城邦之间进行交往活动的空间场所，也是奥林匹克精神的发源地，为西方广场的发展奠定了基础。

（2）园林方面。古希腊人崇拜林木，在神庙周围利用天然或人工形成了神林与神苑景观。哲学家把园林环境引入私家居所，开始发展为集雕塑、绿化和建筑为一体的艺术性园林，并在罗马帝国时期大量发展。

（3）建筑方面。古希腊的大理石神庙建筑形式发展成熟，最具典型性代表的是柱式，如爱奥尼柱式、多立克和穆林斯柱式。柱式被赋予了象征性的意义，如爱奥尼象征着女性，修长、柔美；多立克的柱式象征着男性，粗壮、刚健。反映了人类对自然的关注，是希腊环境设计的重要表现形式。雅典卫城的帕提农神庙是希腊建筑艺术的典范，建筑设计遵循理性的数学原则，体现和谐与秩序、形式与比例，传达出数的黄金分割率，同时充分利用"视觉校正法"避免视觉产生的不协调感（图2-2-36）。

3. 古罗马

（1）城市方面。古罗马的城市风格表现出君权化、军事化和世俗化特征，如宫殿、剧场、斗兽场和公共浴池等建筑大量出现，用来应对战争和防御，道路交通发达，城墙坚固，桥梁和输水系统设施也比较先进，城市街道整齐布局，在主干道的交叉点上常筑有凯旋门等纪念性建筑，彰显英雄主义的气概。帝国广场群是罗马城市广场的重要代表，由柱廊围合，轴线感、对称感强烈，序列感、层次性丰富，是为帝王个人树碑立传的场所，也是城市公共集会的场所，投射出王权至上的理念和绝对的等级和秩序感（图2-2-37）。

图2-2-36　雅典卫城的帕提农神庙

罗马帝国的空前繁荣成就了第一部建筑著作《建筑十书》、第一部法典和一流的城市配套设施。

（2）园林方面。在古罗马，园林是田园情调爱好者追求的场所。阿德良宫的建筑群，实现了建筑与室外空间的多样变化，石墙和拱圈组合出丰富的空间（图2-2-38）。

图2-2-37　罗马城市广场

（3）建筑方面。古罗马时期的万神庙是单体建筑的代表，突出宏大的建筑尺度，内部构造井然有序，与外部环境的随意性形成对比（图2-2-39）。古罗马的斗兽场则反映出罗马人喜好集体活动，好斗的个性，其环境的营造也具有强烈的中心感和领域性（图2-2-40）。

罗马式建筑的特征是线条简单、明快，造型厚重、敦实，创新地采用了扶壁和肋骨拱来平衡拱顶的横推力，另一个创新就是将钟楼组合到教堂建筑中。罗马式教堂在技术和形式上有以下特点：①仍采用拉丁十字的巴西利卡式平面，但比早期基督教教堂丰富；②上部结构由木结构改为拱券方式的石结构；③上部结构

图2-2-38　阿德良宫

图2-2-39 万神庙

图2-2-40 斗兽场

由木改石使得荷载加大，柱式已经不适用，改为比较粗重的柱子或墩子；④外观沉重；⑤双塔立面。

法国勃艮第大教堂是最能代表早期罗马式教堂的代表性建筑（图2-2-41），其造型十分完美，极其完整。双塔型的西立面、十字交点上的高塔、高起的中厅、低下的侧廊，以及显著的横臂，这一切都是罗马式教堂的典型形象，同时也被之后的哥特式建筑所承袭。1063年在意大利北方城市比萨建造的比萨大教堂（图2-2-42）。比萨教堂规模较大，是典型的拉丁十字平面，中厅左右各有两条侧廊，耳堂左右也各有一条侧廊。左右侧廊两层，下层每间都是十字拱，上层仍是木结构。

图2-2-41 勃艮第大教堂

图2-2-42 比萨教堂

4. 古代美洲

（1）玛雅文明时期。玛雅文明时期以巨大的层层台基构成台阶形金字塔的神庙建筑，塔庙则是按照空间的安排，有祭坛和记录时间的石柱。塔身和庙宇布满怪兽般的神灵面孔雕饰。建筑主要强调与神对话的宗教意义。城市主体以宗教建筑为主，城市中心环境显示出优美的神庙与广场的组合。玛雅的文化中心是蒂卡尔，现今仍有3000多座金字塔神庙、祭坛和石碑等遗迹分布其中，气势恢宏（图2-2-43）。

图 2-2-43　玛雅文化中心蒂卡尔

（2）阿兹台克文明时期。阿兹台克文明是首都墨西哥城周围的几个古代文明遗址，其中最早、最大的是城东北 40km 的特奥蒂瓦坎，也是美洲古典时期最大的城市，印第安语译为"诸神之都"，主要由太阳金字塔（图 2-2-44）和月亮金字塔（图 2-2-45）组成，太阳金字塔是最大的建筑，也是印第安人祭祀太阳神的地方。特奥蒂瓦坎的城市布局规整、严谨，似乎按照事先设计好的方案统一建造而成的，显示出数学的精密性、几何特征以及网格状的几何图案。

图 2-2-44　太阳金字塔

图 2-2-45　月亮金字塔

（3）秘鲁印加文明时期。秘鲁文明开始于公元前 4000 年，结束于 1562 年西班牙的入侵。秘鲁境内多山，山地与低地景观对比明显，居住在低地的人充分考虑到自然环境与聚落之间的关系，构筑出对生存和农业所需求的场所。印加地区对石头也是经过细致处理，阴刻或阳刻，用以满足石头之间的相互吻合。低地的印加城市用泥砖构筑的建筑居多，用方形组合各种单元。城市规划设计采用的是土地与地形之间节制而微妙的关系建立。山地的形体给人以神秘之感，堡垒和层层平台沿山坡而建，石材的开采运输、安装工艺成为永恒的造型艺术价值，最具代表性的马丘比丘（图 2-2-46）。

图 2-2-46　马丘比丘

5. 印度及东南亚地区

（1）城市方面。印度城市及其庙宇的基本模式是采用方形、十字形、圆形等具有向心性的图案，反映出《犬陀经》中抽象神圣的曼陀罗图案。印度的宗教文化也影响了东南亚的多个地区，甚至影响到了当地的建筑和环境形态，如泰国、印度尼西亚等多个国家。曼谷的佛塔在窣堵坡的基础上发展成高耸的形态，表现出佛教环境中的至高地位；柬埔寨是以下部方正基座，上部高挑堆塔的金刚宝塔为代表的佛教建筑。无论是窣堵坡还是金刚宝塔的建筑形态，都实现了以自我为中心的实体建构，对周围环境形成视觉乃至心理上的控制力。印度尼西亚的婆罗浮屠（千佛坊）气势宏大，给人以宗教的膜拜心理（图2-2-47）。

图 2-2-47　印度尼西亚的婆罗浮屠

（2）建筑方面。印度地区的建筑设计受宗教文化的影响很大，仿佛只为宗教而存在，环境设计表现出"中心"意识。窣堵坡是佛教中用于埋葬佛陀和著名僧侣的陵墓建筑，是典型意义的佛塔原型。自孔雀王朝以来，它成为佛教礼拜的中心。桑契窣堵坡是早期安度罗时代建立的最杰出的窣堵坡之一，达到了早期印度佛教艺术的顶峰。窣堵坡的设计象征着佛法的无边无际又无形，是佛陀形象的具体表现（图2-2-48）。主体的半球形穹顶象征天国的穹隆。顶部的方形平台，外围一圈石栏象征着菩提，正中立一柱杆，象征着从底部宇宙的水中通向天空的世界中轴，进而在穹顶主体的空间中得到升华。柱杆上的三个华盖被称为佛邸，是天界的象征，解释为佛教的佛、法、僧三宝物。

图2-2-48　窣堵坡

6. 拜占庭与中世纪西欧

395年，罗马帝国分裂为东西两个帝国，以罗马为中心的西罗马和以拜占庭为中心的东罗马。476年，西罗马灭亡，东罗马一直延续到1453年，史称拜占庭帝国。这1000年在历史上成为中世纪时期。

（1）城市方面。城市设计以广场为重点，以意大利的耶锡纳地区为代表。教堂占据城市的中心位置，凭借其庞大的体量和超出一切的高度控制着城市的整体布局。

（2）园林方面。庭院已经扩展到城堡周围，图案几何化，有迷宫式的绿篱，法国蒙塔尔吉斯城堡最具代表性。

（3）建筑方面。建筑以穹顶的拱券结构为主，造成上圆下方的空间和形体。由于宗教的鼎盛，中世纪的教堂建筑特别恢弘壮观。圣索菲亚大教堂是拜占庭帝国的纪念碑，建筑群尺度超过罗马时代的建筑，顶部轮廓线构成城市典型的天际线（图2-2-49）。相反，西欧中世纪典型的教堂呈尖塔高耸的哥特式风格，如巴黎圣母院（图2-2-50）和德国的科隆教堂（图2-2-51）。

图2-2-49　圣索菲亚大教堂

图2-2-50　巴黎圣母院

图 2-2-51 科隆教堂

7. 伊斯兰地区

（1）城市方面。伊斯兰地区的城市特征由矩形的房屋和院落组织构成，像迷宫似的城市空间环境让人很难辨识。而清真寺的突出轮廓线和体量以及在区域中形成的邻里中心，使城市空间节奏有所缓解。

（2）园林方面。以清真寺造型为主的矩形庭院，外围设置厚重石墙，明确区分内外环境，中央设置水池，连拱廊一面进深较多，形成礼拜堂，空间通透，流动性和交流性增加。

宫殿和私家庭院被设计成绿化的庭院，中央设置十字形水渠，中心设置喷泉，周围是花圃。

（3）建筑方面。公元前7世纪产生伊斯兰教，穆斯林文化开始发展。清真寺成为建筑中的代表，早期的清真寺采用巴西利卡式，有主廊和侧廊之分，圣龛设置在圣地麦加的方向。总体来看，清真寺整体造型方正浑圆，形体突出，门洞进深较大，镂空窗格丰富了建筑立面的肌理和美感。

耶路撒冷的圣岩寺是留存最古老的伊斯兰建筑之一，建筑形态为集中式八角形平面布局，寺内装饰金碧辉煌，中央为穹顶。空间整体布局、结构分布和立面造型都体现了简洁的几何美学。

泰姬·马哈尔陵位于亚穆纳河畔，是印度莫卧儿王朝帝王沙贾汉为纪念爱妃泰姬·马哈尔所造。陵园长580m，宽305m，周围红砂石围墙，中间是方形的花园，花园中间是一个大理石水池，水池尽头是陵墓，主陵墓用白色大理石砌筑，基座高达7m，正中间覆盖着一个直径达17m的穹隆，四面各有33m高的巨型拱门，四角耸立尖塔。陵墓以宁静飘逸、超凡圣洁的艺术魅力而闻名于世（图2-2-52）。

图 2-2-52 泰姬·马哈尔陵

8. 文艺复兴时期

(1) 城市方面。城市广场较为严整，中轴线突出，广场周围的建筑底层常有开场的柱廊，如米开朗基罗的卡比多市政广场。素有"欧洲最美丽的客厅"的圣马可广场（图2-2-53），也是文艺复兴时期的杰作之一。

(2) 园林方面。文艺复兴时期的园林以人为中心的世界观和突出理性规则的艺术观同建筑美一致的景观造型特征——力求使大自然服从人的意志。园林布局严整对称，有明确的中轴线贯穿全园，植物修剪整齐，几何图案的水池、喷泉、雕像以及台阶和坡道，园路、矮墙在主轴上串联或者对称，有时还分主次轴线，或者几条轴线或平行，或垂直相交，或呈现放射状，总体讲求精致的艺术构图。

(3) 建筑方面。在建筑及其环境设计上，这一时期在宗教和世俗建筑上重新采用和谐、理性的古希腊和古罗马时期的柱式构图要素，并且参照人体尺度，运用数学和几何知识分析古典艺术的内在审美规律进行创作。

图2-2-53 圣马可广场

15世纪初，意大利北部的佛罗伦萨大教堂，第一次采用古典设计要素，综合古罗马和哥特式建筑的工程技术与古典美学原则，运用数学比例关系营造出和谐的空间艺术效果，建筑体量宏大、色彩鲜艳，成为城市中心（图2-2-54）。

图2-2-54 佛罗伦萨大教堂

9. 17—18世纪的欧洲

(1) 城市方面。受巴洛克艺术的影响，广场、街道和雕塑设计有了更紧密的关系，构成了充满幻想的、欢快的环境气氛。环境设计强调城市景观的景深效果，如罗马的纳沃那广场，伯尼尼设计的圣彼得堡大教堂广场也是这一时期最重要的代表。

(2)园林方面。在巴洛克艺术的影响下，这一时期的园林对奇巧、梦幻般的环境特别钟爱。花坛、水渠、喷泉等多采用曲线、树木修剪形态夸张，雕琢感较强。岩石、洞穴也是景观的组成要素，如埃斯特别墅、阿尔多布兰迪尼别墅。

(3)建筑方面。巴洛克艺术在建筑中的表现为多用波浪形、椭圆的衔接等动态的手法来改变矩形、方形、圆形的静态、呆板的感受，纷杂的圆雕、浮雕和到处飘逸的卷草纹样掩盖着柱、墙等建筑结构，壁画、天顶画色彩斑斓，视觉感受浮华艳丽，多见于教堂建筑。

理性的法国古典主义建筑代表是卢浮宫的立面改造（图2-2-55），其组织严密、构图严谨、威严庄重，以致欧洲19世纪的建筑设计仍然受到古典主义的影响，如匈牙利布达佩斯火车站（图2-2-56）。

图2-2-55 卢浮宫的立面改造

图2-2-56 匈牙利布达佩斯火车站

二、近现代的环境设计

19世纪末到20世纪初，西方世界经历着技术与经济的飞速进步，特别是在设计领域中，随着钢铁、玻璃和混凝土等新材料的产生和广泛运用，设计师们开始探索和变革设计语言。经济的发展和文明的进步带来了追求革新的社会思潮，使得艺术门类之间相互吸取灵感，设计来到了一个新的时期——现代主义主导的历史阶段。

1. 城市领域

在城市环境设计领域，奥斯曼主持改建的巴黎城市是最为知名的，突出南北和东西两条主轴线，体现环境场所的城市节点空间。东西向的星形广场、爱丽舍大道、协和广场、丢勒里花园、卢浮宫，与南北向的林荫大道联系南北两个铁路终点站。街道设施统一规整，道路绿化，沿街的建筑立面以古典复兴以来的形式为主导，使巴黎成为最美丽的近代化城市，欧洲其他国家也纷纷效仿学习（图2-2-57）。

2. 景观领域

18世纪末到19世纪初，园林的形态变化以"英国公园运动"和受其影响的美国公园设计为主导。英国的公园运动注重把乡村的风景引入城市，改变城市中以街道和点状的广场组成单一的面貌。如伦敦的摄政公园、圣詹姆斯公园等。而美国的公园则是在以棋盘式为基础的城市规划中引入大型的城市公园，最具代表性的是奥姆斯特德设计的纽约中央公园（图2-2-58）。从此之后，自然景观开始备受设计师们的关注，生态公园开始出现。奥姆斯特德提出的建筑结合自然风景的景观建筑学概念在近现代环境设计以及建筑学的发展中具有重要的地位。

景观设计领域，新艺术运动的代表是以曲线著称的西班牙建筑师高迪，其设计亲近人性化行为，趋向于获得感官刺激（图2-2-59）。

图 2-2-57 奥斯曼主持改建的巴黎城市

图 2-2-58 纽约中央公园

图 2-2-59 西班牙建筑师高迪的作品

3. 建筑领域

(1) 工业化时代初期。17世纪的资产阶级革命和18世纪的工业革命带来了近代工业的大发展。城市规模急速扩大,产生了许多城市问题,对城市建设提出了许多新的要求,而多数建筑师还不能完全摆脱传统风格的约束。因此,在19世纪,形成了结合工业革命对建筑设计新形式的探索。

古典复兴、哥特复兴、折中主义是当时主要的建筑设计探索。古典复兴唤醒公民意识,如巴黎的万神庙;哥特复兴以其张扬的艺术个性和民族精神在英国、德国广泛流行,如英国新建的国会大厦;折中主义借古典的建筑风格或者异国风情来产生丰富多彩的新形式,如巴黎的圣心教堂(图2-2-60)。

图2-2-60 巴黎的圣心教堂

另外,随着冶金业的发展,钢铁技术的突起,铁结构的建筑显示出其新颖的建筑造型,如巴黎的埃菲尔铁塔(图2-2-61)和伦敦的水晶宫(图2-2-62)。

图2-2-61 巴黎的埃菲尔铁塔　　　　　图2-2-62 伦敦的水晶宫

(2) 欧美国家的新建筑运动。19世纪欧美国家的工业化从轻工业扩展到重工业,并于19世纪末达到高潮,西方国家由此步入了工业化社会。西方资产阶级造就了肥沃的物质和文化土壤,现代设计萌芽并蓬勃发展。1851年的水晶宫博览会后,新建筑运动开始探索新建筑的时代性、建筑形式与建造手段的关系,以及建筑功能与形式的关系,欧洲各国的设计先锋先后发起了"艺术与工艺运动",建筑师韦布在肯特建造的"红屋"是艺术与工艺运动时期的代表(图2-2-63);新艺术运动

（在德国称为"德国青年风格派"），新艺术运动的特征主要表现在室内装饰，模仿自然界草木形态的流动曲线，楼梯扶手、栏杆等处布满枝干曲线和花叶的装饰纹样，蜿蜒起伏像植物一样富有活力，产生律动的美感，把空间装饰成一个整体，色彩上轻快明亮（图2-2-64）；维也纳分离派，设计师奥尔布里希的维也纳分离派展览馆，主张造型简洁，常用大片的光墙和简单的立方体，只有局部集中装饰（图2-2-65）；"德意志制造联盟"，贝伦斯设计的德国通用电气公司的透平机制造车间与机械车间，造型简洁，摒弃了任何附加的装饰，成为现代建筑的先行者（如图2-2-66）。

图2-2-63　韦布设计的"红屋"

图2-2-64　新艺术运动的室内装饰设计

图2-2-65　维也纳分离派展览馆

图2-2-66　德国通用电气公司的机械制造车间

德国包豪斯设计学院的成立意味着工业时代的来临，它倡导平民化的思想、手工技能和创意思维的训练，以及对形式美在理论上的探索，对后世的设计思想和教育产生了深远影响，代表人物有格罗皮乌斯、密斯·凡·德·罗、勒·柯布西耶等。

三、现代与后现代的环境设计

20世纪初期，现代建筑的模数化、规模化和经济化适应了第二次世界大战后休养生息的社会要求。现代建筑源于欧洲，德国的"德意志制造联盟"和包豪斯设计学院，俄国的构成主义运动、荷兰的风格派运动是现代主义运动的重要内容，德国的格罗皮乌斯、密斯·凡·德罗，法国的勒·柯布西耶，芬兰的阿尔瓦·阿尔托，美国的赖特，他们的个人才华和思想持续影响着景观领域、建筑领域以及室内领域的发展。

1. 景观领域

(1) 注重场地的设计理念。现代园林景观设计的基本原则是：采用因地制宜，尊重场地的手法。探寻场地与周边环境的密切联系，形成整体的设计理念。设计师的作用更多地在于用专业的眼光去发现、观察、认识场地原有的特征，挖掘它们积极的方面并加以引导。同时，发现与认识的过程也是设计初步的过程。要求设计师在对场地充分了解和认识的基础上，概括出场地的最大特性，以此作为设计的基本出发点。每个场地都有巨大的潜能，要善于发现场地的灵魂。

(2) 注重空间的设计理念。园林景观由两部分组成：一部分是由一些景观元素构成的实体，另一部分是由实体构成的空间。实体景观较容易受到关注，而空间往往容易被忽视。尤其是我们现今的设计方法，常常只注重那些硬质实体景物，忽视相对软质实体景物，对空间的形态、外延以及邻里空间的联系等不够重视，构成了各种堆砌实体景物的设计方式。因此，注重空间结构和景观格局的塑造，强调空间与景观实体的设计相结合，针对视觉空间领域进行整体性的设计方法就显得更为必要。

(3) 注重时效的设计理念。园林景观是有生命的载体，随时间与季节的变化在不断地生长、运动、改变与演替。因此，景观设计师必须认真研究园林景观的时间性和时效性因素，注重园林景观植物随时间变化而产生的不同效果，以塑造出随时间的延续而可以更新的、稳定的园林景观。

(4) 注重地域景观的再现。"地域性"景观是指一个地区的历史文脉与自然景观的总和，包括它的动植物资源、地形、地貌、气候、水文条件以及历史、文化资源和人们的文化活动、行为习惯等。我们所看到的景物或景观类型，并不是孤立存在的，而是与其周围区域的发展演变相联系的。因此，园林景观设计应该考虑大到一个区域、小到场地周围的景观类型和人文条件，从而营造出不仅满足当地人们活动需求的空间场所，更塑造出更具有地域特色的园林景观类型。

(5) 注重简约的设计理念。"少即是多"，简约并非简单，相反是对其本质的深层次探索与挖掘。简约的设计理念可概括为三个方面：一是表现手法，要求简洁和概括，以最少的景物或简单的元素，表现出景观最主要的特征；二是设计方法，要求对设计对象进行认真研究、剖析，从而抓住其本质性特征元素；三是设计目标，要求充分了解并顺应场地的特色、文脉、肌理，尽量减少对原有景观的破坏。

(6) 注重生态的设计理念。随着环境质量的极度恶化与不可再生资源的迅速减少，人与自然的和谐关系越来越紧张，景观设计作为有效缓解环境压力的途径之一，对其生态目标的追求已经超过了对艺术性与功能性的注重。生态设计理念的引入与注重，使景观设计的思想和方法发生了巨大的改变。这些都把设计师们引向对自然的关注，引向对其他文化中关于人与自然关系的关注。1969年，伊恩·麦克哈格的《设计结合自然》一书将生态学理念引入到景观设计中，将景观设计与生态学完美融合起来，开创了生态化景观设计的新时代。

当前世界性生态设计潮流是以现代生态学为基础和依据的设计思维方法。其主要特点是强调人与自然界的相互关联与相互作用，保持和维护人类与自然界间的和谐关系。生态设计的目的在于"利用自然生态过程与循环再生规律，达到人与自然和谐共处以及发展的可持续性，从而提高人类居住、工作、休闲、学习、娱乐等方面的质量。如果把景观设计理解为是一个对任何有关人类使用户外空间及土地问题的分析、提出解决问题的方法以及监理这一实施方法的过程，而景观设计师的职责就是帮助人类使城市、社区、建筑物、人在地球和谐相处，那么景观设计从本质上说就是对土地和户外空间的生态设计。从更深层的意义上来说，景观设计是人类生态系统的设计，是一种基于自然系统自我有机更新能力的再生设计，其所创造的景观是一种可持续性的景观。

(7) 对立统一的设计理念。自然与人工，是贯穿整个园林景观发展中的对立统一体，是"以人为本"，还是"以自然为本"，是改造自然还是顺应自然，既是某种园林景观风格、形式、类型的衡量准则，又是现代园林景观设计因地制宜，根据场地状况和使用要求来决定的，不能片面地加以否定或肯定。

（8）注重个性的设计理念。在一个越来越强调个性发展和个人价值的社会，个性体验、个人情感和个人理解在设计中的投入，是园林景观设计多样性、个性与丰富性的保证。强调个人对社会、对自然、对生态、对历史、对艺术等的独特理解以及个性化的设计理念，强调个人对园林景观本质与内涵的独特认知，并将其运用到具体的园林景观设计中。

2. 建筑领域

（1）符号语言的探索。环境设计的符号化是指在一定范围内将人们熟悉的形象当做文化符号进行组织，通过隐喻和象征的手法，营造出具有特定意义的建筑景观环境。

古典主义建筑语言的回归，运用新材质、抽象化的手段给人耳目一新的感觉，如日本的博多水城街景；历史符号语言的介入，使建筑和环境充满文化感和人情味，如纽约的电报电话大楼（图2-2-67）；隐喻的语言又从表达模糊性和内向性特征方面丰富了符号语言，如波特兰大厦（图2-2-68），这些都体现了设计学在语言符号领域中有益的借鉴。

图2-2-67　纽约的电报电话大楼

图2-2-68　波特兰大厦

（2）个性与象征的运用。现代社会的个性与象征现象是现代及后现代设计的土壤。艺术与技术、社会与个人、历史与现实、人类与自然、文化的共性与差异这些多元化思想的相互碰撞，让设计师们以自己的方式达到预期的效果。一部分设计师用材质的特性来塑造雕塑般的建筑形体，例如门德尔松的爱因斯坦天文台（图2-2-69），用奇特、夸张的建筑体形来表现某些思想情绪，象征某种时代精神；抽象几何象征的朗香教堂（图2-2-70）；伍重的悉尼歌剧院采用壳体结构，象征着一艘迎风而驰的帆船（图2-2-71），都倾向于采用曲面形体、个性化、多元化以表达自然肌理的美感。

（3）工业技术的发展。技术的发展提供了建筑形式上更多的可能性。例如巴黎的蓬皮杜艺术中心，采用高科技的技术手段实现机器化的建筑形态，直接将建筑结构的管道暴露在外，同时也是建筑师对技术手段的强调（图2-2-72）。

（4）哲学的思考。环境设计领域还涉及逻辑和哲学等领域，如针对结构主义的解构主义哲学思想就被运用到环境设计中，创造多向度或者不规则的几何形体，相互冲突、游移不定、混乱的设计表象来颠覆结构主义的均衡、稳定的秩序特点。代表人物伯纳德·屈米可以说是这一群人中最富有哲学精神的建筑师，无论是在建筑设计领域还是环境设计领域都以哲学为依托，有一种红色叫做屈

图2-2-69　爱因斯坦天文台　　　　　　　　　　图2-2-70　朗香教堂

图2-2-71　悉尼歌剧院

图2-2-72　巴黎的蓬皮杜艺术中心

米，例如拉维莱特公园设计，采用点、线、面的系统，建造有空间、时间和活动组合而成的建筑（图 2-2-73）。

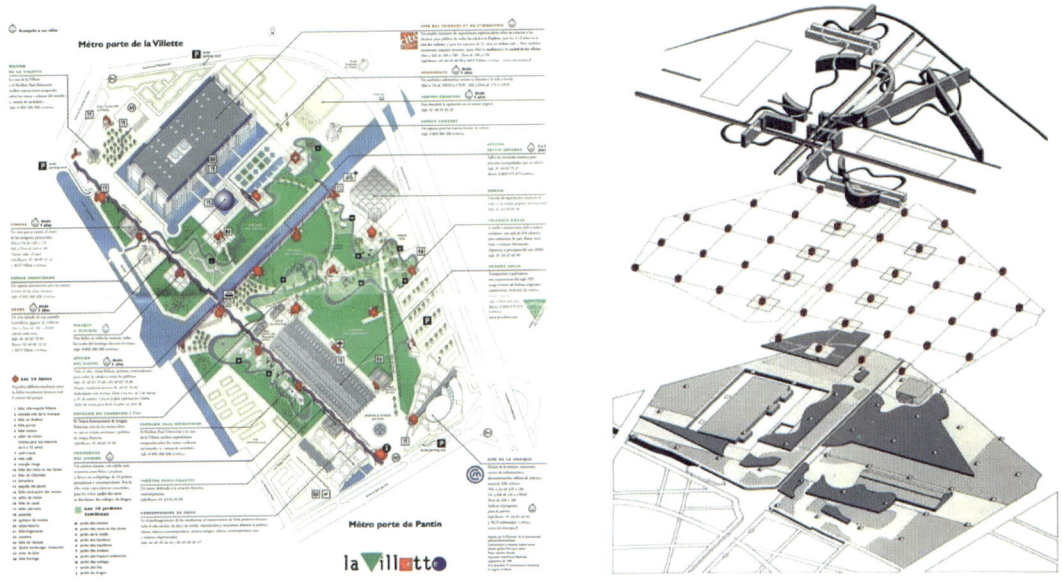

图 2-2-73 拉维莱特公园设计

3. 室内领域

环境设计室内方面的现代风格源起于 1919 年成立的包豪斯学派，强调创造新建筑，突破旧传统，重视功能和空间组织，注意发挥结构本身的形式美，造型简洁，崇尚合理的构成工艺，尊重材料的性能，讲究材料自身的色彩和肌理的搭配效果，发展了以功能布局为依据的不对称构图方法。

"后现代主义"一词最早出现在西班牙作家德·奥尼斯所著的《西班牙与西班牙语类诗选》一书中，用来描述现代主义内部发生的逆动，有一种现代主义纯理性的逆反心理，也被称为"后现代风格"。后现代风格强调建筑及室内装饰应更具有历史的延续性，但又不会拘泥于传统的逻辑思维方式，探索创新造型手法，讲究人情味，还会在室内设置变形和夸张的拱券和柱式，或把古典构件的抽象形式以新手法组合在一起，采用非传统的叠加、混合、错位以及裂变等手法，强调形态的隐喻、符号和文化、历史的装饰主义，主张新旧融合、兼容并蓄的折衷主义立场，强化设计手段的戏谑性和含糊性，以期创造一种融感性与理性，集传统与现代，融大众与行家为一体的"亦此亦彼"建筑形象——室内环境。

室内设计在这一时期充分地表现了自由，充满了个人主义色彩与大胆幻想的成分。许多建筑师与室内设计师从事建筑与室内的双重实践，因此，前卫建筑师的设计理念开始对室内设计产生影响，且逐渐明朗。后现代主义室内设计理念完全抛弃了现代主义的简朴与严肃，往往具有一种历史隐喻性，拥有大量的装饰细节，制造出一种令人迷惑的情绪，强调与空间的联系，使用现代的色彩，它所具有的矛盾性常使人产生厌倦，而这种厌倦正是后现代主义对过去 50 年的现代主义的典型心态。后现代主义室内设计理念表现为以下几种特点：

（1）强调形态的隐喻、符号和文化、历史的装饰主义。后现代主义室内设计运用了许多隐喻性的视觉符号，强调了文化性和历史性，肯定了装饰对于视觉的象征作用，装饰又重新回到室内空间设计中，装饰手法有了新的拓展，光、影和建筑构件构成的室内空间特色，变成了装饰的重要元素。后现代设计运动的装饰性为多种风格的融合提供了一个多样化的环境，使不同的风貌并存，以这种相互融合的关系贴近居住者的习惯。

（2）主张新旧融合、兼容并蓄的折衷主义立场。后现代主义设计并不是简单地恢复历史风格，而是转向被现代主义运动摒弃的历史建筑中,承认历史的延续性,有目的、有意识地挑选古典建筑中具有意义的、有代表性的东西古建筑元素,对历史风格采取拼接、分离、混合、简化、解构、变形、综合等方法,运用新的材料、新的施工方式和结构构造方法进行创造,从而形成一种新的建筑形式语言与设计理念。

(3)强化设计手段的含糊性和戏谑性。后现代主义室内设计师运用分裂与解析的手法,分解了原有的建筑形式、格局和模式,导致一定程度上的模糊性和多义性,将现代主义设计的冷漠、理性的特征反叛为一种在设计细节中采用的设计方法,以强调非理性因素来达到一种设计中的轻松和宽容。

后现代主义的概念至今没有一个确切的定义,这是由后现代主义的复杂性和多元性决定的。不确定性是后现代主义的根本特征之一,这一概念具有多重含义。后现代主义对当代人的精神冲击是全方位的,在思维理论层面上后现代主义的批判否定精神和异质多样的文化意向,后现代主义室内设计只有在其"异样事物"中,才会获得自身的理念。现代主义与后现代主义并无明确的界定和严格的分界,后者将现代主义的观念重新予以选择和评估,使其部分的在新的历史条件下得以重新发展,后现代主义的空间、玄学和隐喻等,也包含了现代主义的风格和面貌,所以也被称为"激进的折衷主义"。

思 考 题

1. 不同的历史背景下,具体的环境设计是如何表达的?
2. 简述中国秦汉时期的环境设计特点。
3. 简述文艺复兴时期的建筑特点。
4. 简述中国近现代环境设计的特点。
5. 简述包豪斯时期环境设计的影响和意义。

第三章 环境设计的理论基础和构成要素

第一节 环境设计的理论基础

一、技术生态学

环境设计是一门以生态学为价值取向的科学技术观,技术生态学可分为环境生态和技术生态两部分内容。辩证地看,新的科学技术的进步一方面促进了人类社会的发展进步,另一方面却带来了生态的破坏。只有密切地关注环境生态问题,才能利用专业技术和科技手段解决其生态问题。

1. 环境生态

环境生态学是在生态环境恶化、环境问题越来越严重的条件下产生的边缘性学科,主要研究的是生态环境在人为干扰的情况下,探索生态系统的变化机理,寻找受损生态系统下修复和保护的科学对策。

环境设计是不能脱离于自然环境本体的,环境单纯地凭借科技手段必然会导致疯狂式掠夺性的开发,使自然的自我调节能力下降甚至失控,危及到人类的人居环境。伊恩·伦诺克斯·麦克哈格的"结合自然设计论"强调人与环境的协调发展,警告人类勿以个人利益为主,勿以贪婪的手段谋取物质上的需求和精神欲望的满足,人类只是大自然中的一小部分,也会随着大自然的新陈代谢最终消融。我们只有在环境生态学的价值理念下看待城市生态环境,从环境生态学的原理对城市生态系统和城市环境问题进行分析和研究,全面地掌握整体环境、文化特征及其功能技术等多方面的信息,环境设计才能够实现人类科学技术手段下的生态保护,才能够帮助生态环境的自我调节、自我恢复,实现环境生态的可持续发展。

2. 技术生态

社会初期,人类缺乏一定的技术手段,只能以适应的方式去接受自然,对自然的影响力相对局限,在欲望的驱使下,人类一直在为改善生态环境而努力。随着科学技术的进步,人类改造自然、征服自然的能力也在逐步加强,盲目开发自然资源、毫无底线的破坏式掠夺自然,已经远远超出了自然环境的自我修复和调节的范围。如今自然正在以"报复"的方式要我们为所做的行为付出代价。随着世界范围重大灾难事件的相继出现,人类才逐渐觉醒,生态环境保护才得以被重视,并影响到了城市规划和建筑学的发展,还衍生出了一系列的生态学科,如风景生态学、城市生态学、住宅生态学等。由于各国家和地区的社会条件、技术水平、经济条件等各不相同,导致人工系统的效能不能同等发挥作用，我们面对环境生态保护的这场硬仗，需要全人类的共同守护，在先进技术的综合、全面的指导下，减少对环境的破坏，实现可持续发展的战略目标。

总之，我们要辩证地看待技术，不能一味地依赖技术，也不能轻视技术，我们要利用先进的技术将经济、社会、人文和环境等因素进行综合性的分析，将生态与技术进行因地制宜地调整，并在此基础上探索生态可持续发展的环境设计，有效地促进技术的发展，推动社会、经济和环境效益的提高。

二、建筑人类学

建筑人类学是在文化人类学的基础上发展而来的，在了解建筑人类学之前，我们要知道什么是文化人类学。文化人类学是研究人类传统观念、习俗（包括思维方式）及其文化产品的学科。文化人类学早期研究的是原始人类社会的状况，随着各国对此学科的研究和突破，已经拓展到了自然和社会等领域，并产生了一定的影响，为建筑学、建筑历史理论、建筑创作等研究领域提供了新的视角。而建筑人类学则是将文化人类学的研究方法和理论成果应用到建筑学的领域，在研究建筑自身的同时更加注重建筑社会文化背景的研究，为建筑历史与理论研究和建筑创作提供一种新的方法论，站在文化生态进步的高度，来审视建筑的内在价值和意义所在。

建筑人类学注重研究的社会文化，包括以下几个方面：宗教信仰、风俗习惯、社会生活、美学观念和人与社会的关系。美国学者摩尔根认为"要在同质的历史环境中理解特定文化"，不同的人类社会，都会以其独特的方式建立和发展属于自己的聚落和城市文化，一方面反映生态系统、技术水准、生产和产业方式，以及特定观念形态的潜在作用；另一方面反映普通的继承及其与特定形式的关联，这些也是环境设计要考虑的问题。

人类文化学最基本的研究方法是通过亲自考察和体验去拿到第一手环境调查材料，而建筑人类学和环境设计学看重的也是这一点。建筑人类学认为，需要通过体现人的社会观念和习俗行为体验，才能把外在意义的建筑空间转化成内在意义的建筑空间，并营造出宜居的生活环境。然而，学会在相关领域和交叉学科中汲取价值养分，是我们在学习中应该掌握的方法。建筑人类学是对文化的深入探索，对环境设计而言，人类文化学、建筑人类学对其都有很大的影响，同时相关学科及其领域的探索也具有较高的借鉴价值。

三、环境心理学

环境心理学所涉及的领域也相对广泛，如心理学、社会学、人类学、医学、生态学、规划学、建筑学以及环境设计等多门学科。环境心理学是研究环境与人的行为之间相互关系的学科，主要从心理学和行为学两个角度出发，研究人，把人作为城市、建筑、自然环境等物质环境的主体，研究人在环境以及各种状态下的行为特征，探索更加优质的人居环境。而这一内容，在当今的环境设计中具有较高的影响价值。

亚伯拉罕·马斯洛高举人本主义的旗帜，提出了心理学著名的"需求理论"，他把人的需求从低级到高级共分为五个阶段，呈现出阶梯形：一是生理需求，是人对于生存最基本的需求，如食物、空气、水、住所等。二是安全需求，在得到生理需求满足的基础上，人们在心理上对稳定和秩序的需求，如生理安全和心理安全。三是情感和归属的需求，又称为社会需求，是在满足前两者的基础上出现的，人是具有社会属性的，渴望与他人交流，得到别人的支持、理解和关心。四是尊重的需求，马洛斯将其分为两种：一种是自尊，包括信心、能力、本领、自由、独立和尊严，成就；另一种是来自他人的尊重，包括威望、承认、接受关心、地位、荣誉和赏识。五是自我实现的需求，是在满足了对爱和尊重的需要之后产生的最高层次的需要，是人类的成长和发展，发挥潜力的心理需求（图3-1-1）。由此可见，需求一旦得到满足，它就不再成为需求，便会产生出更高层次的全新的需求。在环境设计中的实用功能是生理和安全的需求,精神功能的形式美集中体现在后三者的需求上。

环境行为学是研究建筑环境如何作用于人的行为、性格、感觉、情绪以及人如何获得领域感、空间知觉等重要内容的学科。美国学者霍尔在环境行为学的研究中,曾提出过"邻近学理论"(研究人如何无意识地构筑微观空间——在处理日常事务时的人际距离,对住宅及其他建筑空间的组织经营,乃至对城市的设计),是指在不同文化背景下生活的人,对待生活的感觉是不一样的,也就是说,他们对待同一空间会产生不同的感觉,从而导致他们对空间的使用方式、个人空间、领域感和神秘感等也是各不相同的。因此从行为学的角度分析,千篇一律的设计风格是不可行的。

图3-1-1 马斯洛的"需求理论"

随着建筑在使用过程中暴露的问题,空间的安全性得到日益的关注,环境设计对待环境心理学的研究又是一个新的课题,在创造健康的、绿色的、新型的建筑空间的同时,也越来越关注人的行为心理设计。

四、环境美学

环境美学,是研究人类环境的美学,是指把环境科学与美结合起来的边缘性学科。涉及生态学、城乡规划(包括材料力学、动力学、风水学)、建筑学、造林与园艺、生理学、心理学、声学、色彩学、化学等许多学科。环境美学又称为"应用美学",有意识地将美学价值和准则贯彻到人类日常生活中的实际应用。美学可以简单地看作是观感和美观两方面的问题。而所谓的环境美学,实际上就是从美学的角度重新界定环境。以环境为审美对象,更加注重环境的设计理念,不只是停留在肤浅的层次上。空间是环境设计的"主角",充分意识到这一点,从抽象的理论到具体情境两个方面打造"空间"艺术,帮助我们理解自然与人之间亲密关系的体悟,使环境设计更加具备实用特征和精神特征。

随着社会科技的进步,人类文明的异化,人类对待环境美的追求也在发生改变,环境美学家卡尔松主张的是一种对自然审美模式,反对当代形式主义的环境美学,他认为对自然的审美欣赏是对自然物形状和颜色的表现形式的欣赏,曾用鲸的欣赏为例,不是欣赏它的优美曲线,而是欣赏它的宏伟。目前,人类不再只是满足生存条件的需要,在追求视觉以及触觉、听觉、嗅觉、味觉享受的同时更需要精神上的美的感受。我们以审美的标准参与到自然环境中,投入到自然的怀抱,成为自然的一部分,更能够让我们准确地把握和体会到身体与自然之间微妙的血肉联系,在审美体验中更加深刻、直接地领会到美学的存在。环境设计的美学研究在一定意义上也揭示了人类的理想与愿望,激励着人类不断追求、探索和发展。

五、人体工程学

人体工程学(又称为"人类工程学""人机工程学""人类工效学"等)起源于欧美,是一门研究人类劳动、工作效率和效能的学科。从环境设计的角度而言,就是以人为主体,研究人体结构功能与空间环境、人与人造产品、人与工程系统及其工作环境之间的关系,寻找最佳的协调数据,为设计提供依据,使其发挥最佳的使用功效。

人体工程学本着"以人为本"的设计理念,对人类活动的详细分析,对使用者深入的了解,并提出各种需求及其外界变化可能产生的影响,如"消费者人体工程学"就包含了家庭及休闲环境甚至更加广泛的领域，可变性的因素尤其重要，对特殊群体（老弱病残孕）追求生理和心理需求的也应当全面考虑。

人体工程学的目的有两个方面：一是提高人类工作和活动的效应和效率；二是保证和提高人类追求的某种价值。人体工程学是环境设计的理论基础，在方法、目标和意义等方面影响很大，室内外环境空间模数的确定是根据人体工程学有关实验的数据确定的，同时与人的体态特征、活动空间的尺度、人体的参照尺度有关，也为环境设计提供了科学的依据（图3-1-2）。

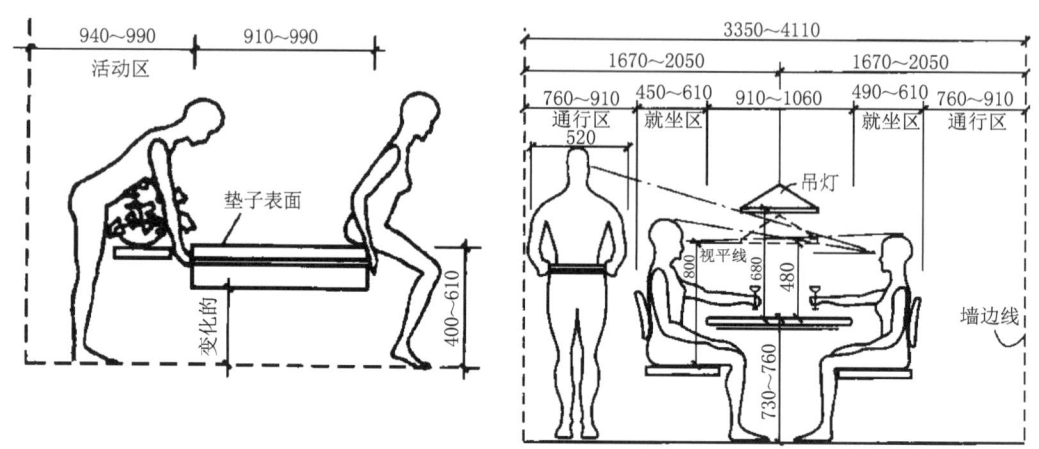

图3-1-2 常见的尺度关系（单位：mm）

六、信息化与智能化

环境设计必然随着时代的进步、科技的发展，以一种崭新的姿态站在我们面前，为我们提供更加优质的人居环境。在这个信息化、智能化的时代，人类不再只是能够满足生活需求那么简单，对建设安全和舒适生活的要求越来越高，对人类高科技主宰下的环境也更为关注，对减少污染、节约能源，实现有限资源的循环利用以及环境的可持续发展提出了更高的要求。新时代背景下，实现人、建筑、环境的和谐共处，对于环境设计提出了更高的要求，从根本上解决能源的节约、环境的保护和住宅的节能等问题已经迫在眉睫。

智能化已经走进我们的生活，建筑智能化是建筑与智能技术的结合，犹如一台具有自我调节功能的机器，根据外面环境的变化便可以自行调节内部的状态，目前的建筑智能已经是一个具有一定人工智能的建筑环境，它能够完成一系列的感知、传输、保存、数据分析、记忆和推理等功能，并且对其作出判断和决策。建筑智能化一般具有建筑设备的自动化、通信自动化和办公自动化三大特征。同时具有我国可持续建筑设计的技术措施：①节能；②减少有限资源的利用，开发、利用可再生资源；③室内环境的人道主义；④场地影响最小化；⑤艺术与空间的新主张；⑥智能化。

智能住宅已经具备了智能化空间的设备，实现智能家具的全程体验，通过手机控制、声纹识别、人脸识别、自动控制或者远程控制等多种控制方式，组建成智能家庭系统，带给人类更高品质的人居生活。智能住宅一般具有三种特征：一是生活更加便捷，人们无须起身，在床上动动手就可以控制照明、家电、窗帘、门锁等设备；二是高度的安全性，人们离开家时，一键"离开"，家庭设备将全部关闭，同时启动安全布防，门窗自动关闭，同时在陌生人接近住宅系统时发出警报，甚至自动拨打报警电话；三是生活更加高效，人们在回家的路上就可以控制室内温度和热水器的调节，即节能环保又提高了生活效率和质量，也增加了人性化的满意度（图3-1-3）。

数字化智能时代已经来临，建筑业已经在自由发展的道路上越走越远，而传统的形式、功能与内容也将被逐渐打破，电脑和手机网络控制的建筑管理系统也会越来越完善，在新型的建筑中发挥

图 3-1-3 智能家居模式

更加有效的作用。在传统设计理念与智能化的冲击下,我们面对现实的问题又该如何抉择,环境设计在这个大的时代背景下,该以何种状态存在,又将以何种方式进行转型是一个值得探索的重要问题。

1. 环境设计的理论基础有哪些方面?
2. 环境心理学在环境设计中有哪些应用?
3. 信息化与智能化时代对环境设计产生哪些影响?

第二节 环境设计的构成要素

一、空间与界面

1. 空间

(1) 空间的概念。空间具有物质性,是存在的一种客观形式,通常由长宽高表现出来。界面的围合形成空间。老子曾在《道德经》中阐述过空间与界面之间的关系:"埏埴以为器,当其无,有器之用。凿户牖以为室,当其无,有室之用。故有之以为利,无之以为用。"其意为,用土做器具,器有了中空的空间,才有了器的作用。房屋也同样如此,有了四壁、门、窗,围合的"实"即界面,房屋才有了可以使用的"虚"即空间。

空间离不开人的参与,其中人的"感觉特征"成为感知外界事物的主要媒介。在有限的空间里,置入一物,空间与物体便建立了视觉上的联系。譬如,雨天打伞,在撑开雨伞的一刹那,伞作为实体形成自上而下的拱形界面,伞下立刻形成了一个遮风挡雨的独立空间。

(2) 空间的构成。在建筑空间中,地面、墙体、天花板是限定空间的三大构成要素,也是界面的主要表现形式。地面作为空间限定的基础;墙体作为围合界面的支撑,天花板作为上方界面的遮挡,构成了空间的基本组合形式。

相较于建筑室内空间,建筑外部空间的构成要素更为宽泛。不同形态、材质的铺装地面都可以形成外部空间的地面限定;围墙、构筑物、植物等景观元素扮演着外部空间立面限定的角色,起到划分、围合空间的作用;外部空间中建筑的挑檐、树冠、遮阳伞等物的投影,又形成自上而下的空间限定。

(3)空间的围合。空间由于界面的围合而形成空间内部的各种有机形态。围合与空间的视觉开放程度有着必然联系,以六面体的方盒子为例,围合完整的空盒子,每减少一面,空间的开放程度就会随之增强;空间的围合也与空间的分割有联系,将墙体的外围围合界面由边缘移动到内部,既可形成内部小空间的围合,同时又对大空间进行了分割,空间内的虚实关系逐渐变得复杂起来(图3-2-1)。

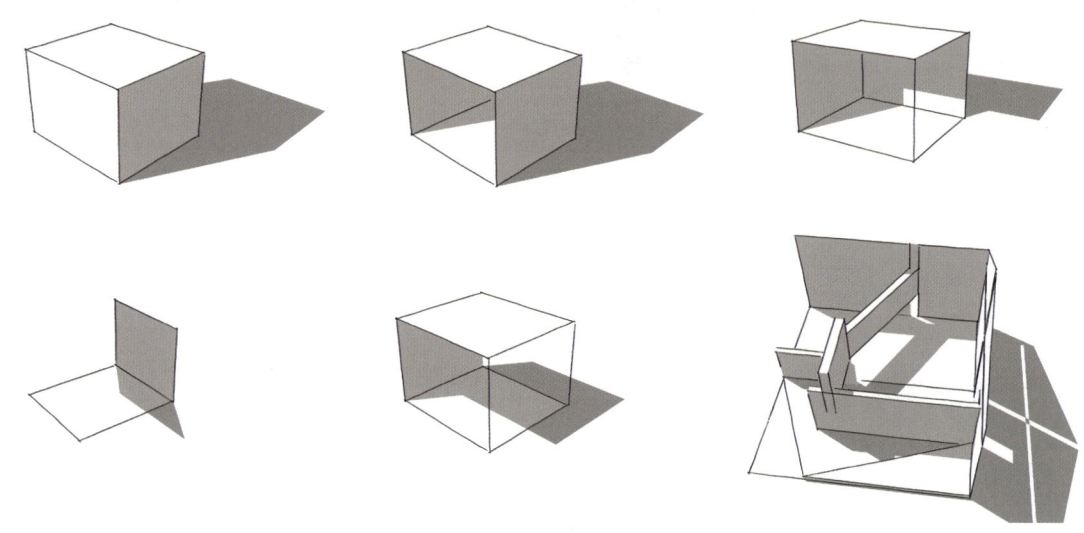

图3-2-1　空间的围合形式

在建筑及室内空间中,围合的界面通常有平行界面如地面、天花板,垂直界面如内墙、隔墙、隔断等。若围合物本身具有虚实关系,那么围合而成的空间将产生通透度。在外部空间中,围合的限定元素有很多,常用的有地形、建筑、绿化、隔墙、设施等,在景观设计中,合理地安排植物的疏密程度、围合物的透明度以及围合墙体的交错层叠都是营造风景面纱的巧妙手法(图3-2-2)。

图3-2-2　Gloriette Guesthouse 酒店

(4) 空间的尺度。空间的尺度不仅只是用数值表示长度、宽度和高度；更是空间立面构图的比例标准，这种比例尺度关系，影响着人们的视觉和情感体验。人感知空间尺度的大小往往与空间的围合度、色彩、材质、光照、温度、参考尺度等多种因素相互关联，如欧洲天主教堂内部高耸的建筑空间给人震慑感（图3-2-3）；留园葱郁植物的围合给人私密感（图3-2-4）；Foro Normandie 地下夜店全混凝土的建筑内部给人冷漠与紧张感（图3-2-5）；以及临时迷镜里镜面加上全混凝土的室内空间的错视感（图3-2-6）。

图3-2-3 米兰大教堂

图3-2-4 留园

图3-2-5 Foro Normandie 地下夜店

图3-2-6 临时迷镜

(5) 空间的组合形式。为了设计出层次更加丰富的空间，单纯改造围合方式是不够的，空间与空间的组合能够创造出更多复杂、有趣的空间形式。拉斯洛·莫霍伊-纳吉（Laszlo Moholy-Nagy）曾说："空间内的创造就是局部空间的交织。"常见的空间组合方式有以下几种方式：包容式、穿插式、对接式和过渡式。将这些组合灵活的、交错的使用可以营造更为丰富的空间形式。

1）包容式，是一个大的封闭空间包含多个小的空间（图3-2-7和图3-2-8）。

2）穿插式，是两个或多个空间以交错嵌入的方式进行组合的空间，且每个空间保持着原本的界限与功能的完整性（图3-2-9和图3-2-10）。

3）对接式，对接式空间是最常见的空间形式，多个不同形态的空间根据各自的功能、象征意图、视觉构图的需要，以对接的方式进行组合，且各空间保持单一的独立性又能形成一个有机的整体（图3-2-11和图3-2-12）。

图3-2-7　上海123+早教中心

图3-2-8　日播时尚集团至美研发中心

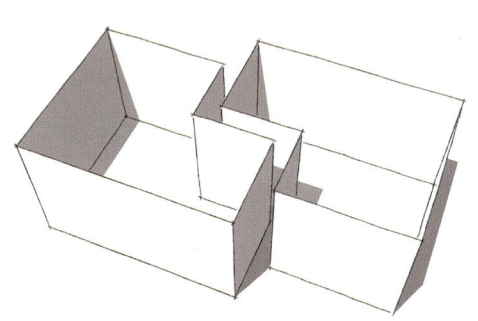

图3-2-9　穿插式

图3-2-10　Monville酒店

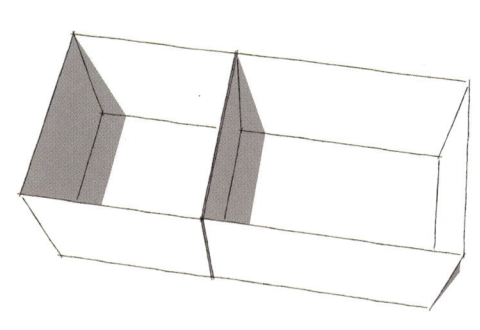

图3-2-11　对接式

图3-2-12　Coal Drops Yard购物中心

4）过渡式，两个相隔一定距离的空间想要彼此联系可以由第三个空间作为过渡。其连接部分可以根据功能、结构和形式的要求自由分配为两个空间共有或成为独立空间的一部分（图3-2-13和图3-2-14）。

2. 界面

界面是空间的围合体。空间是相对于界面的"虚"，我们在空间中能够直观地感受到的、触摸到的是界面实体。作为最直接的物质技术载体，可以是固定的也可以是活动的。其材质、颜色及形体的变化，都能极大地影响空间效果。正如之前说到空间的围合与组合的效果都是通过界面这个实体而形成的，通过设计师的排序、安置、组合能够形成一系列适用的、具有功能意义的空间。界面

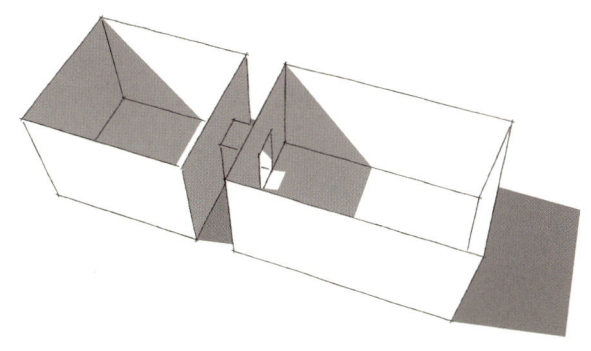

图 3-2-13 过渡式

图 3-2-14 内蒙古的红石山房

有如下三要素：

（1）形体，影响空间最为重要的元素。无论是扎哈·哈迪德追求的异形曲面，或是密斯·凡·德罗的几何现代主义，形体的变化一直都是世界建筑设计大师所探索与追求的真理。

（2）质感，材料质感的变化是最常用的界面处理方法之一。材料质感的体现不仅在于光的反射与漫反射带来的视觉差异，也在于材质的纹理与肌理存在的触感差异。

（3）色彩，能给空间带来个性的重要元素，依附图案与光影的不同，能够直接影响到整个空间，色彩还是影响空间情感的直观元素（图 3-2-15）。

图 3-2-15 苏州的 Boolean Operator 装置

二、光、空气、水和声音

1. 光

在环境设计中，空间形体、色彩、质感的显露都离不开光的作用。光是我们了解外界情况的主要渠道，如果没有光则无视觉感受，更无空间。光也是影响造型、刺激感官的主要因素。依据光源的产生可分为自然光与人工光两大类。

（1）自然光。自然光是最适合人们活动的光线，其光照度相对稳定，人眼对其的适应性最好，同时，自然光对人的身体健康还具有促进作用。利用自然光是建筑节能环保的重要手段。早在古人建造房屋时就掌握了在墙壁和屋顶开洞引入自然光的方法，当今人类建造房屋时利用房屋表面窗户的开口、大小及朝向把自然光引入到建筑室内，利用多变的自然光能够烘托出建筑的艺术造型、材料质感。建筑大师运用光照明渲染空间环境，如安藤忠雄的光之教堂、柯布西耶的星空教堂等。光之教堂巧用墙壁的十字开凿将光引入教堂中，在起到照明作用的同时，还能将光这种物质具象化，并与教堂的主要功能结合。与之异曲同工，星空教堂也是如此（图3-2-16和图3-2-17）。

图3-2-16　光之教堂

图3-2-17　星空教堂

（2）人工光。我们对自然光的利用是有限的，太阳落山之后，就需要运用人工的方法获取光明。从古至今，从自然界获取火种到钻木取火，发明火石、火柴，到获取电源是一个漫长而曲折的路程，如今人们对光的运用不仅仅是在照明上，在建筑、景观环境设计中，光的运用也不断地推陈出新、超出想象。

人工光的最明显特点是光可以随着人们的意志而发生变化，通过控制光的光色、亮度、显色性、光源形状等特点来表现空间、烘托氛围。另外，光还可以参与空间形态的构成，将光源的形状特点利用到空间中去。例如，由地面朝上或顶面朝下的点状激光灯，起到了分割空间的作用；某些装饰灯带除了发挥照亮空间的功能外，还具有突出空间主体、加强空间立体感的作用（图3-2-18）。除了具有实用性和装饰性功能外，光污染也是一个需要慎重对待的问题，如眩光、反光等现象，设计中应当避免照明设备从高处进入视线或控制照明设备的光色与亮度，并将照明设备与人保持一定的距离。

图3-2-18　万科公司的17英里
Space-Time Tunnel

2. 空气

地球上一切生物的生存离不开空气，然而它却是看不见又摸不着的元素。空气作为人居环境中的必要基础条件，能够与其间接相关且能被人们控制的方面有风向、温度、湿度、空气污染等。

当空气运动时产生风，而风向一直是从古至今世界各地住宅设计所考虑的因素，巧妙地室内空间设计可以形成良好的通风环境，室内空间的空气流动能极大地提高空气质量，营造舒适的生活环境。太阳照射地面的温度由空气这个介质进行传导传递，在保证室内环境具备适宜温度的同时，湿度的不同皮肤的温感也会不同。比如北方的干热和干冷相比南方的湿热和湿冷给人的感受相差很大。干热要比湿热感觉来的凉快,干冷要比湿冷来的暖和。在室内空间中,为抵御外部环境的冷热交替,保持室内冬暖夏凉是世界各地人们从古至今所追求的。例如陕北的土窑洞建筑,就是利用土的热惰性形成冬暖夏凉的;寒冷的北欧地区通过木材的热惰性与木材中的含水量来保持室内的舒适感。除此之外,现代生活的高品质室内空间需要一系列的空气优化装置,过滤空气杂质,保持室内的温度与湿度。

近些年有关空气污染的问题频发,人们的健康问题正在得到重视。尤其在室外空间中,人们越来越渴望能够得到一个安全舒适的生活环境。如今景观环境中"天然氧吧"已经成为设计中备受关注的点。环境设计必须全面地看待空气品质与空气污染问题,在设计中注重环保材料的运用,担起节能减排、保护自然的责任,努力营造一个良好的人居环境。

3. 水

自然之水是自然景观中的绮丽角色,从潺潺的泉水和山地上的碧潭,到飞溅的溪流、激浪、瀑布、淡水湖,直至最后流入大海。人们对水有着近乎相同的本能,似乎水具有不可抗拒的吸引力,不自觉地想要走向水边亲近水。或许正是这种本能促使人们对水有了更加亲切且多样的使用方法。

水具有的风景价值和游憩价值,是户外空间设计的重要方向。水景能够在整体的环境上塑造一种宁静、幽雅的氛围,巧妙的水景也能在视觉上起到强烈的冲击作用。人们倾向于仿照自然水体的形式:溪流、瀑布、湖面等。水景设计可分为动态水景与静态水景两种形式。实际的景观设计中往往不止使用一种形式,可以是一种为主,另一种为辅,两种形式动静结合(图3-2-19)。

图3-2-19 阿那亚安澜酒店景观

(1)动态水体。水通过流动展现它千变万化的美,动态的水包括河流、瀑布、泉等,通过流淌、跌落、喷涌等动态方式表现,具有很强的感染力、较强的可塑性和观赏性,能迅速烘托场地氛围引导人们驻足观赏,适合在空间节点与视觉中心处使用。动态的水产生的水势会发出声响,潺潺的流水声能够增加热情感;滴落的流水声能够产生幽静感;轰鸣的流水声能够使人兴奋。流水的声音不仅可以增强空间体验感觉,还可以掩盖噪声。动态水体分为以下几种:

1)旱喷,是将喷泉设施埋在地板以下,露出喷水口与地面地形高度一致,喷涌出大小高低不同的水柱,具有不占用场地空间也能观赏喷泉的效果(图3-2-20和图3-2-21)。

图3-2-20　鲍顿主公园　　　　　　　　　图3-2-21　万科·重庆西九广场

2）跌水，是水流从高处通过不同造型设计的实体，利用重力往下流动的动态水体。跌水的水流较缓慢，模仿了自然界的溪流，如伦敦海德公园内的戴安娜王妃纪念泉（图3-2-22）。

图3-2-22　伦敦海德公园内的戴安娜王妃纪念泉

3）落水，是水体通过人工造型由高处往下跌落，似有瀑布之势的水体类型，水体水量较大。室内外空间均有使用，落水带来的视觉与听觉的感受更能烘托环境（图3-2-23和图3-2-24）。

图3-2-23　万科·138度公园大道　　　　　　图3-2-24　龙湖·天奕示范区

4）喷泉，常作为单独水景出现，在户外景观设计中常作为一个重要的节点去设计，起到吸引人群驻足围观或渲染场地氛围的作用。喷泉的水柱由水面向上喷涌，水体势能更大，造型丰富，种类繁多（图3-2-25和图3-2-26）。

图3-2-25 绿地·天空树

图3-2-26 金地·中法仟佰汇

5）水幕，是水流成面依附在玻璃、不锈钢等材质上落下，流动的水为游人提供一个愉快的视觉与听觉体验。水幕结合了材质美的特征，常用透明度以及亮度较高的材质，凸显水体的波纹质感与流动美（图3-2-27和图3-2-28）。

图3-2-27 Really Taste陆利餐室

图3-2-28 斯坦福广场水幕帘

（2）静态水体。静态的水体包括湖面、水池、潭水等。在没有动能的情况下，水面平如镜、寂静无声，能够营造悠远宁静的意境。水面反射的景象为空间带来轻盈深远的虚实现象，丰富了空间层次，增加了空间的韵味。

静态水体能够为人们提供幽雅、宁静的户外环境。静态水体注重其造型的美观，形态有方形、圆形、矩形、不规则形和自然形态。山水文化是中国传统思想的体现，明朝文震亨在《长物志·水石》中提到"石令人古，水令人远。园林水石，最不可无"指的就是水石在园林中起到的作用。古典园林的水体设计被称为理水，其理水之法有如下三种：

1）掩，借助绿化和建筑掩映水面曲折的池岸，临水建筑的前部架空，出挑于水面，水体犹如自下而出，没有边界（图3-2-29）。

2）隔，《园冶》中说到"疏水若为无尽，断处

图3-2-29 拙政园水廊

通桥"。其意是如果水面较大而宽阔、单调，可以采用隔水廊架或曲折的石桥、木桥横断于水面，将水面分割达到增加水体的景深和空间层次感的作用（图3-2-30）。

3）破，当水面较小的时候，可以在水边堆砌乱石，种植细竹、野藤等植物，池中放养朱鱼、绿藻，达到怪石纵横、犬牙交错的深邃山野的审美感（图3-2-31）。

图3-2-30　寄畅园　　　　　　　　　　　图3-2-31　豫园城隍庙

4. 声音

当今城市的汽车轰鸣声、机械声、生活噪声充斥着环境。为了隔绝噪声带来的干扰，在室内设计中利用多孔性材料或开孔板吸收声音，对声音进行隔断利用。

户外景观设计中，植物的围合能起到很好的隔声作用。隔绝噪声不代表声音在设计中一无是处，在如今的环境设计中，声音能对设计起到促进作用。如加入与声音相关的景观装置可以提高人与景观、人与人的互动性体验（图3-2-32和图3-2-33）。再如潺潺的流水声、树叶沙沙声、鸟儿的鸣叫等，这些都可以为景观环境增添情景元素。置身景观中的人们可以通过声音寻觅踪迹，或被环境周边的声音所感染，得到知觉情感方面的提升，增进人与环境的互动。

图3-2-32　声音互动装置　　　　　　　　图3-2-33　万科·东莞中天城市花园

三、色彩

色彩是环境设计中最为生动、最具视觉影响力的因素，能给人造成特殊的心理效应。对色彩的调和与对比、色彩的节奏感和层次感以及色彩中的色相、明度和彩度等进行科学合理的运用，能够起到烘托环境气氛的作用。由于色彩在人的生理和心理上所起到的特殊作用,使它成为传达设计物信息的重要形式,色彩给人的心理感受的应用,也是环境设计中色彩功能的重要内容。

1. 色彩的属性

每一种色彩都具有三种基本属性:色相、明度和饱和度。色相用作区分不同的颜色,如黄、红、绿等颜色;明度作为表示颜色的明暗程度,明度最高的为白色,最低的为黑色;饱和度指色彩的鲜艳程度,又称为纯度和彩度。另外,色彩还具有不同的物理效应,包括温度感、距离感、重量感和尺度感等。

2. 色彩本身的作用

环境设计中色彩的运用应当是首先满足空间的实用功能,以及空间使用者的特定需求;其次在空间的设计上应符合整体性设计原则,改善空间的缺陷。另外值得一提的是色彩本身的属性在空间中可以起到不同的视觉效果。例如,色彩的温度感与明度、饱和度在空间进深关系中的不同,暖色系的色为前进色,冷色系的色为后退色;明度高的色为前进色,明度低的色为后退色;饱和度高的色为前进色,饱和度低的色为后退色。而同样面积的色彩空间,明度、饱和度高的则显得空间膨胀,反之则显得空间缩小。冷色与暖色的互补作用也可以在空间中组合使用,颜色也可做出渐变的效果,使空间的视觉感受更富于变化。只有充分了解色彩的特征,才能合理地创造出特定空间的效果(图3-2-34)。

图3-2-34 博观熙岸营销中心

3. 色彩的环境作用

一般来说,环境空间构成要素较为繁多,为了加强统一效果,采用相同的基调或地面铺装色彩,能够有助于空间的协调与统一。而用不同的色彩,处理空间、区分空间也是色彩处理中常用的手段,可以增强识别性,避免单调(图3-2-35和图3-2-36)。

四、材料

世界的本质是物质的,我们的生活无时无刻不被材料构成的界面围绕,感受着它们围合而成的空间和环境。于是我们发现,环境和空间的美感表现在形式和色彩上,以及材料本身的材质美和功能美上。

在审美过程中,材料主要表现在肌理上,肌理能够带给人心理和精神上的暗示。肌理综合表现为材料本身所具有的色彩、形态、纹理、冷暖、粗细、软硬和透明度等诸多因素。这些构成了材料的性格,现代主义建筑大师密斯·凡·德·罗认为:"所有的材料不管是人工的或是自然的都有其本身的性格。设计师在处理这些材料之前,必须知道其性格。材料及方法不一定是最上等的。材料

图 3-2-35　会席尺八

图 3-2-36　BR 住宅

的价值只在于用这些材料能否制造出什么新的东西来。"材料的客观独立性决定了材料既不是形式的也不是属于内容和功能的，取决于我们赋予的形态才有了其存在的意义。因此了解材料的综合属性是我们不断探索设计所必须具备的知识。

1. 材料的分类

建筑装饰材料的门类品种极多，按材料的化学性质，可分为无机材料和有机材料及复合材料，也可分为自然材料（石材、木材、天然纤维等）与人工材料（金属、玻璃、石膏、塑料、陶瓷等）；按材料的使用功能，可分为结构材料、墙体材料、功能材料、饰面材料和建筑砌材。根据加工制作的效果，材料还可以有视觉或触觉不同的肌理感受。

2. 材料的基本特性

自然界的材料数不胜数，细看我们周边环境的任何角落都是材料，如站立的地面、坐的凳子、穿着的衣物等。无论这些材料是人造的复合材料还是自然界原有的，都具有各自的物理属性。

（1）硬与软。硬度大的物质可以在硬度低的材质上划出痕迹，也就是通常检测石料硬度的刻痕法，而金属、木材及混凝土用压痕法测定，矿物则用刻划法测定。材料的硬度在环境设计中的应用是非常重要的。生活中最为常见案例是供人行走的地面铺装，铺装需要硬度及耐磨度较大的材料，如砖石、金属、玻璃等。而与硬相反的是软，软材料通常是指纤维织物，如羊毛、棉麻、化纤织物等。柔软度与触感的不同使得材料有着各自的功能，如羊毛的轻柔适合做衣物，棉麻稍硬更适合作为蒙面材料或窗帘。但材料的软硬并不能够限制材料的使用方式。例如，长春水文化生态园中的景观幕墙，观看者距离的不同产生的印象也不同，远距离观看会觉得线条像毛线般柔软垂落，近处观看则是由硬度较高的钢筋拉扯而成，给人造成一种视觉与观念的反差感（图3-2-37）。

（2）粗糙与光滑。通过人眼的识别与经验，我们就能够分辨出大部分材料的粗糙与光滑，如镜面金属、玻璃、陶瓷等反光度高的材料具有光滑的属性，未经加工处理的树皮、砖头、山石等，具有粗糙的属性。此外，我们还能通过触摸细分材质的光滑程度。粗糙与光滑的材质属性能够表达它们独有的空间质地感受。单一使用粗糙材质的环境空间，能给人带来粗犷、自然的视觉感受（图3-2-38）。单一使用光滑材质的环境空间，能够表现空间的精致与细腻感（图3-2-39）。

（3）色彩及纹理。材料本身具有的色彩和纹理能够作为建筑与建筑装饰的一部分。不同的加工手段可以大大增加材料的表现力，光从木材切割角度的不同，就可以产生花纹、直纹、山纹等不同的纹理。石材也同样如此，天然石材品种繁多，人们从天然岩体中开采出来的，经过锯切、磨光等

图 3-2-37　长春水文化生态园的景观幕墙

图 3-2-38　长春水文化
生态园墙体材料

图 3-2-39　三千服饰办公室

工序制作表现其色彩与纹理。不同的石材品种具有不同的色彩和纹理，目前建筑工程中常用的饰面石材有大理石、花岗岩、其他石材（石灰岩、砂岩、板岩等）和碎石鹅卵石等。随着现代加工技术的进步，一种材料经过物理方法与化学方法的加工可能会具有几十种不同的肌理表现（图 3-2-40 和图 3-2-41）。

人们可以利用材料的综合特性并结合环境的空间需求进行设计。例如，花岗岩具有硬度大、强度高、吸水率小、耐酸耐磨性等实用性特点，抛光后的花纹为均匀粒状斑纹，是室内外皆宜的高档装修材料；但往往室内空间较少使用，因为天然花岗岩含有放射性元素的概率较大，有些还具有超标的放射性元素，所以花岗岩多用于室外。而大理石的主要成分为碳酸盐，容易被腐蚀不耐风化且耐磨性差，若用到室外并接触到空气中的一氧化碳、一氧化硫或雨水中的酸性介质则容易风化和腐蚀，造成粗糙多孔的效果，因此多用于室内设计中。

3. 材料与形式

材料与形式的关系就是物质与形式的关系。物体的特征并不由材料控制，而是来自于事物内部本身的形式。例如同样一个桌子，可以是全木制的也可以是由石头砌成的或者玻璃制造的，它都可

图 3-2-40　长春水文化生态园道路铺装（1）

图 3-2-41　长春水文化生态园道路铺装（2）

以称为一个桌子。材料并不是决定形式的唯一要素，但是作为物体形式美的载体和媒介，体现着产品美的要求和规律。

一个设计从整体到局部，局部与局部之间的所有关系都落实在材料的表现上。一座巴洛克式的宫殿，虽看似装饰繁多，但却是整体统一彼此相呼应的。反观如今的酒店装饰，很多人错误地认为美就是豪华高档材料的堆砌，其实美与材料的多少和档次并无多少关系。

五、结构和构造

结构是指能够保证建筑物抵抗外力并存在的实体。组合成结构的内容包括梁、柱等构件。构造指的是建筑物的构造方法、营造方式等。总的来说结构与构造是设计师管理材料的方法，材料用于支撑时就形成了结构。

1. 结构形式

建筑结构形式根据受力形式和构筑形式的特点，可分为拱形结构、架结构，墙承重结构和框架结构。拱形结构是用砖或石头砌筑的结构形式，拱券是把垂直受力转变为砌筑材料侧面受力传导到地面的结构（图 3-2-42 和图 3-2-43）；墙承重结构是把来自各个方向的水平荷载通过墙壁来支撑的结构（图 3-2-44 和图 3-2-45）；框架结构是不用面支撑的钢性连接结构（图 3-2-46 和图 3-2-47）。

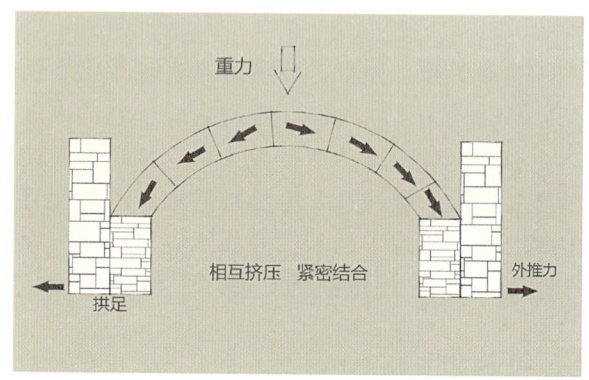

图 3-2-42　拱形结构受力分析

图 3-2-43　罗马斗兽场

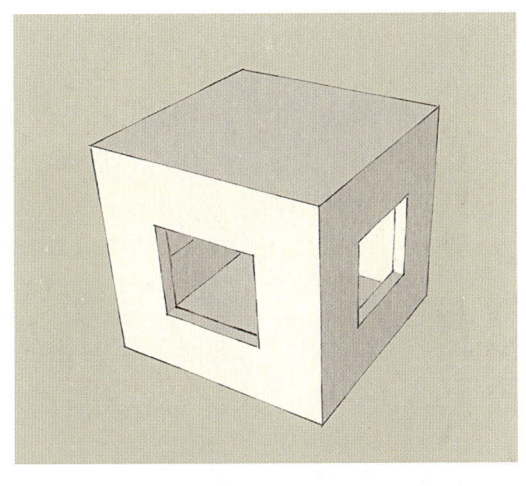
图3-2-44 墙承重结构模型样例

图3-2-45 墙承重施工现场

图3-2-46 框架结构模型样例

图3-2-47 某工厂内部结构

建筑结构形式根据承重结构所用的材料来划分，一般可分为木结构、钢结构、钢筋混凝土结构等。

（1）木结构：中国作为最早的木结构应用国家之一，早在春秋时期已经初步完备，在唐朝形成了一套严密的制作方法，到了汉代趋向成熟。建筑材料以木材为主，一般采用榫卯、齿、螺栓、钉、销、胶等方法连接。因其加工简便、取材容易、自重轻、便于运输等特点，广泛用于房屋建筑中。为保证其耐久性应采取防虫、防腐、防火等措施（图3-2-48）。

（2）钢结构：以钢材为主的建筑结构，常用钢板和型钢等制成的钢梁、钢柱、钢桁架等构件组成，各构件或部件之间采用焊缝、螺栓或铆钉连接。具有重量轻、承载力大、可靠性高、抗震性好等特点，同时其耐锈蚀性差、耐火性也较差。

（3）钢筋混凝土结构：房屋的主要承重结构如柱、梁、

图3-2-48 榫卯

板采用钢筋混凝土制作，由于混凝土的抗拉强度远低于抗压强度，而钢筋的抗拉能力强，因此在混凝土梁和板的受拉区配置钢筋，起到共同抵抗的作用，能够充分发挥混凝土的抗压优势。这种结构的抗震性能好，整体性强，抗腐蚀和耐火能力强，经久耐用，并且空间分割较自由。

2. 构造方法

组织材料的方法依赖于构造，现行的构造方法包括：建筑整体建成的构件、配件的组合方法以及建筑特定部位的分部构造方法。在选择构造关系时，需要了解可利用的构造方法，理解构造方法成立的条件。在利用构造关系时应注意以下三点：

（1）功能化。构造关系要满足材料在使用过程中的受力情况，满足耐用与牢固，每种构造方法与每个细部都具有特殊的功能要求。

（2）单纯化。构造关系简单明了，不要复杂化（图3-2-49）。

（3）风格化。满足功能要求的具体材料、形状及组合方法表示出来，使设计独树一帜。

图3-2-49　长春水文化生态园扶手构件

六、信息化与智能化

21世纪是智能化和信息化的时代，各行各业都发生了翻天覆地的变化。电子技术和网络通信技术的发展使社会各领域逐步实现了信息化。对此，环境的要素增加了智能化和信息化的内容。例如，城市屏幕节系列，其目的是以全新的方式界定和扩大使用数字屏幕在公共场所的影响（图3-2-50和图3-2-51），再如城市墙项目，融合了多点触摸、传感器技术、虚拟体验技术等多种手段，为市民提供关于城市交通、艺术展览、旅游景点等多方位的信息。这些改变不仅是城市公共设施应用层面的改变，同时也是设计过程的转变。

图3-2-50　世贸天阶

图3-2-51　日本的御船山乐园

1. 信息化设计

（1）信息化分析。传统环境设计的设计方法是通过AutoCAD，结合Photoshop和3ds Max等技术手段的静态视觉体验设计方法，设计理念一定程度上是建立在感性经验的基础上，设计效率与设计质量不高。为使设计建立在前期科学分析的基础上，我们需要借助新的设计工具结合信息化与智能化的大数据时代进行设计。

信息化代表着数据的重要性，参数化设计是作为变量化设计思想产生以后出现的，是一种新型的设计定量计算方法。在景观规划设计中，GIS（Geographic Information System，地理信息系统）作为主要的数据分析软件，已经获得了设计师的认可。1966年罗杰·汤姆林森建立了实用的GIS，可以迅速制出交通流量图、经济分布图、土地使用现状图、道路等级图等，并且可以把这些信息叠加显示。GIS还为景观设计提供了较好的工具性研究方法，景观设计从传统的直观式、单一的思维方式逐渐趋向于交叉性的理性的综合思维方式，可以弥补传统二维景观设计思维与软件的横向思考方式，建立纵向环境空间因素，提高整体设计的科学性和生态性，这是一种从"软"思维到"硬"技术的实践过程。

（2）智能软件工具的运用。目前国内环境设计主要使用的设计展现工具仍然是简便的SketchUP和Photoshop，设计师通过主观情感与美感进行设计，对场地的分析停留在简单的考察与分析上。前文讲到的设计需要科学性与理性，数据的真实性是设计中不可或缺的部分，为此我们需要在设计工具上进行转变。RHINO＋Grasshopper（图3-2-52）是如今国外设计师必备的建模加分析的参数化软件，其分析结果与GIS相当且可视化效果优于GIS。RHINO＋Grasshopper在建模方面能够做到辅助化设计，通过调整参数数值，模型的长、宽、高、弧度等参数随之改变，极大地提高了设计师的工作效率。方案设计时，用数据去挑选最优化的设计外形（图3-2-53和图3-2-54）。

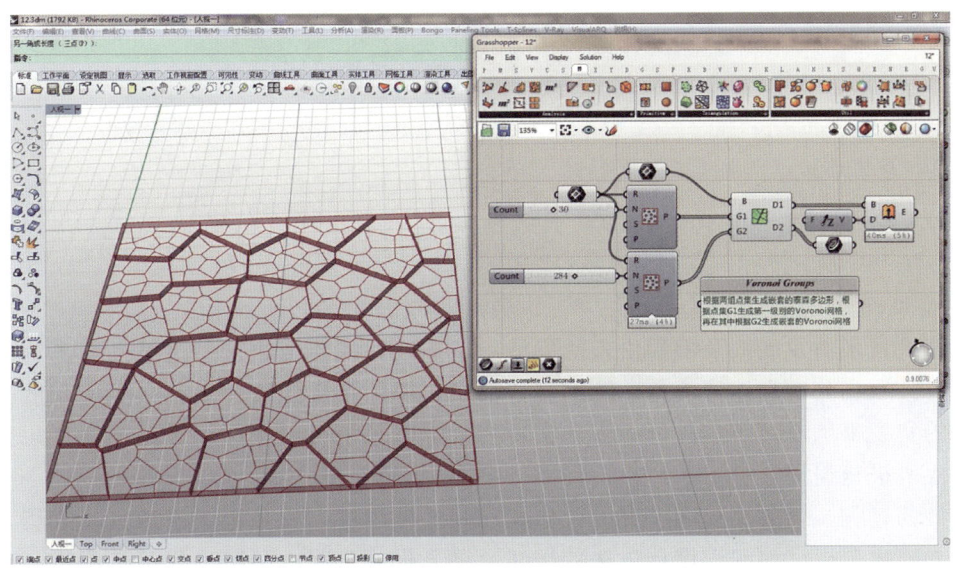

图3-2-52　软件操作界面

图3-2-53　盖达尔·阿利耶夫文化中心

图3-2-54　望京SOHO

另外值得一提的是，国外的建筑行业已经开辟了行业信息化的发展路线，最受关注的就是 BIM（Building Information Modeling，建筑信息模型）技术，是将一个建筑设计项目在整个生命周期内的所有几何特性、功能要求与构件的性能综合到一个单一的模型中，同时这个单一模型信息中还包括施工进度、建造过程的过程控制信息（图3-2-55）。Revit 目前作为行业中 BIM 技术支持的热门软件，针对建筑设计，它具备了楼板、门、楼梯等参数图元，提供了二维图纸生成、协同设计、明细表统计等信息，具备一定的参数化设计、信息模型一体化、信息关联性修改、可视化设计等特点。

图3-2-55　BIM 所整合的信息

2. 智能化设计

随着计算机技术的发展以及编程语言的发展趋于成熟，从传统的计算机辅助制图到参数化、建筑信息模型、大数据分析和地理信息系统的转变都是依靠计算机的编程语言衍生实现的。所有的这些软件功能的实现都是通过脚本语言的嵌入实现的，也就是相当于软件后台的控制杆，只不过控制杆需要通过代码进行编程。

传统设计的过程，一般是强调"直接"形式空间的设计过程和基于图式的分析过程，可以不依赖计算机独立完成分析。而编程设计是从数据和数据分析的角度，利用编程构件逻辑，建立解决问题的编程设计过程。编程设计是依靠语言逻辑通过计算机对数据的处理来解决问题的，因此包含了经典的设计方法及内在的逻辑思维。设计师在具体设计过程中，设计的过程趋于智能化、参数化和系统化。例如，配合结构分析的几何优化找形、配合生态分析寻找满足日照面积和时间（图3-2-56）；地形的汇水、坡向坡度、高程分析、坡度筛选等（图3-2-57）；处理具有不断重复特性或者规律变化的幕墙等（图3-2-58和图3-2-59）。

作为现代设计的一环，智能化和信息化的发展必然结合环境意识、人文意识，智能化设施在复兴旧城区活力与强调建筑自然和谐的关系中起

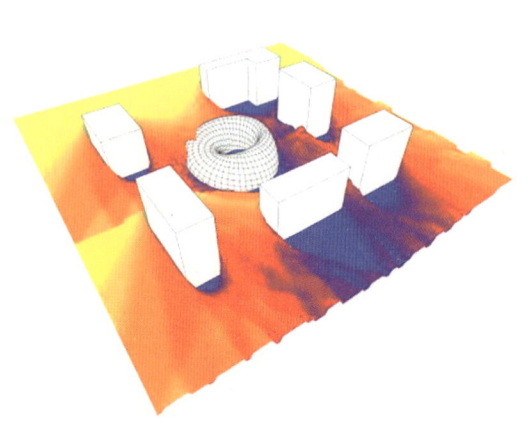

图3-2-56　日照分析

洪水淹没预测分析1

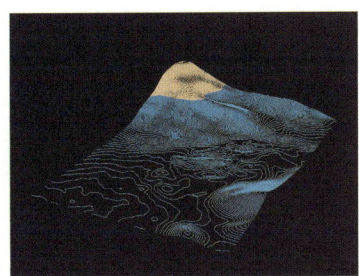
洪水淹没预测分析2

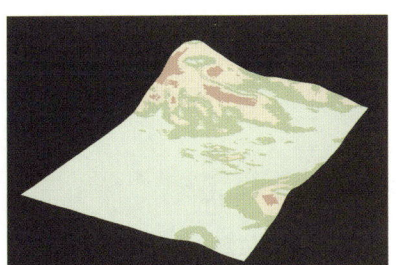
坡度筛选

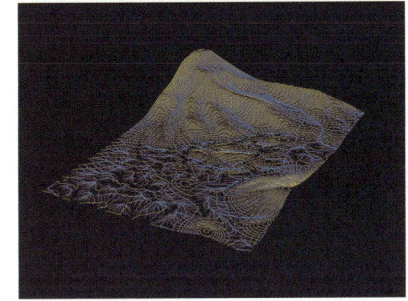
汇水分析

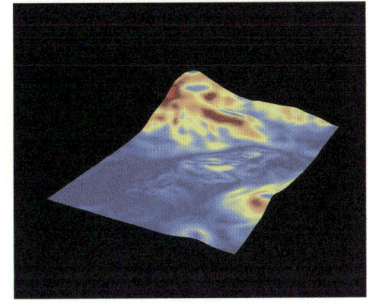
坡度分析

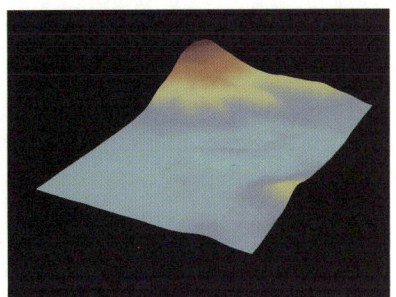
高程分析

图 3-2-57　分析图

图 3-2-58　北京建筑大学新图书馆

图 3-2-59　柳州奇石馆

到十分积极的作用。例如智能家居产品可以将室内空间变得智能化；对城市中的基础设施进行物联网使城市生活更智能。同时也要考虑到智能化技术的含义不是给设计对象戴上高科技的帽子，也不是无缘无故地追加设计成本，而是带着对设计对象的根本认识与综合分析相关条件所采用的最为合适的技术手段，设计结果不能一味地追加技术含量而忽视设计的本身。环境拥有高科技内涵，我们对科技应有谨慎而开放的态度，使其为设计、生活所用，为人类更好的生活提供更强有力的支撑。

思考题

1. 思考空间、技术和材料三者之间的关系。
2. 影响空间的最主要因素是什么？为什么？
3. 试着运用三维立体软件，做出一个自己满意的空间，并作空间关系分析。

第四章
环境设计程序与方法

第一节 设 计 程 序

环境设计程序是一个兼具理性思考与注重体系化的过程,程序的合理进行有助于达到预期的设计目的,对实施完整性的方案提供合乎逻辑、有组织的工作框架。本章关于环境设计方法的论述以解决问题为核心要义,目的是将初学者带入理性思考问题的框架中,在设计思考方面不偏重于具体的设计原则、具体方法的分类,更重在开拓思维、细致思考,让初学者善于发现问题、勤于分析问题、有针对性地解决问题。

环境设计大概要经历四个大的阶段:一是设计前期准备阶段,也称为项目提出阶段;二是方案设计阶段;三是施工图设计阶段;四是设计实施阶段。

一、设计前期准备阶段

设计前期准备阶段的主要内容之一是接受委托直至签订合同,明确设计期限并制定设计计划、进度安排。由于环境设计涉及建筑、规划、景观、社会、文化、心理等诸多专业,设计前期要对各个专业涉及的内容进行抽丝剥茧,成为整合各个专业知识的第一个阶段。前期的调研、场地勘察对后续设计方案的产生起到关键的铺垫作用,也是评价一个方案是否合理的重要依据。

设计前期准备阶段的主要内容包括解读设计任务书和场地勘察与测量。每个部分的具体步骤内容基本明确,严格意义上要按照顺序进行,如按照立项之后,解读设计任务书,进行现场调研,资料分析等顺序进行,但这些具体内容之间的顺序会出现反复、循环论证的情况,如和甲方进行交流,再到场地进行勘察,资料收集分析之后重新进行项目立项,再次解读任务书,进行补充调研(图4-1-1)。

1. 解读设计任务书

通常环境设计任务都是由甲方(设计项目委托方)的某种需求产生的,甲方可能是政府也可能是个人(私人团体),设计师及其团队就是乙方(项目承接方)。甲方首先会给乙方一份设计任务书,这份书面说明任务书里包括项目概况、设计范围、设计内容及要求、设计成果要求等内容,这些具有一定的约束力,是甲方和乙方签订合同、履行合同的依据。

(1)项目概况。项目概况(项目背景)向乙方介绍了所要承接项目的基本情况,包括背景、政策和法律依据、甲方对项目的初步设想及要求、项目的投资额度等。

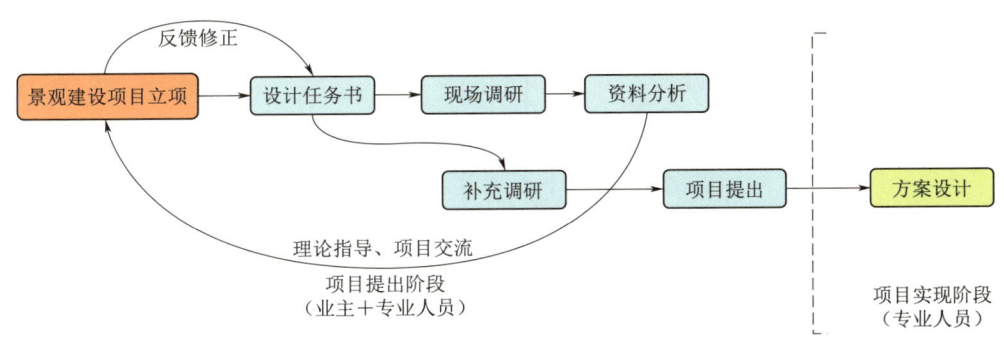

图4-1-1 环境设计过程

(2) 设计范围。设计范围说明了该项目的建设面积和具体的设计红线范围。设计红线范围是在待设计场地的每一个边界点上用城市坐标标出,用红色的虚线将边界点连接起来形成由一个封闭的边界线围合起来的范围,该设计项目是某工厂办公楼前的广场环境设计,其设计范围以厂区办公建筑和厂区入口围栏作为边界。

(3) 设计内容及要求。设计内容及要求是整个任务书最为重要的部分,乙方大部分设计工作内容都是围绕这部分进行的,例如项目定位、基地主要功能、设计风格、经济技术指标、城市规划政策要求、工程预算造价等。其中,经济技术指标中甲方会规定硬质场地的比重、建筑基层面积比例、绿地率是多少,但绿地率的最低标准是城市规划中的强制性指标,对于不同类型的用地其绿地率会有不同的要求,如新建的居住小区不低于30%。

不同的项目其内容和要求会有差异,乙方设计者根据甲方提出的设计内容及要求起草一份设计意向计划,除了要考虑甲方的意见之外,还要无条件遵循国家和地方的法律法规、行业规范等强制性要求,这些都作为下一步场地勘察的参考依据。

(4) 明确设计成果要求。设计成果的具体要求包括以下几个部分:

1) 图纸的内容:包括总平面图、分析图、剖面图、立面图、效果图、节点详图、施工图等。

2) 图纸的数量:透视图和剖面图的数量要明确,但数量并不是绝对的,需要根据方案的内容来确定,以能够表达清楚方案为依据。

3) 图纸的规格大小见表4-1-1。

表4-1-1　　　　　　　　　　　　常见图纸规格和大小　　　　　　　　　　　　单位:mm

幅面尺寸	宽度	长度	长边加长后尺寸
A0	841	1189	1486、1635、1783、1932、2080、2230
A1	594	841	1051、1261、1471、1682、1892、2102
A2	420	594	743、891、1041、1189、1338、1486、1635
A3	297	420	630、841、1051、1261、1471、1682、1892

4) 图纸的装订要求。图纸装订时上面应设有标题栏。标题栏一般位于图面的右侧或者下方,同一本图册,图纸的排版格式应保持一致。其中标题栏应注明工程名称、图面名称、比例尺、设计者姓名、绘图日期等内容。图面左侧装订,需留出25mm的空白条,其他三边各留出10mm,边框标题栏框线的宽度要粗于设计内容的线条宽度(图4-1-2)。

5) 图纸的文本和份数。

6) 展板的规格和数量。

7) 成果电子文件,包括文本电子版、动画视频文件等。

虽然以上内容并不完整,但基本表达了甲方对项目的主要想法要求和部分观点,乙方需要在尊

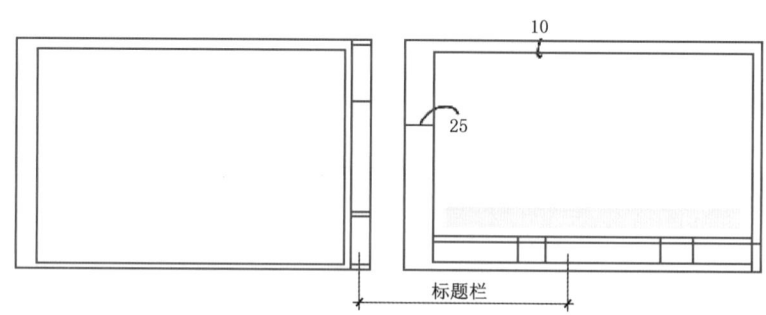

图 4-1-2　图纸装订轮廓线和标题栏示意图（单位：mm）

重甲方想法的基础上进行完善、增加其他内容，设计人员如果对甲方的想法有不同意见，也不要一味地听从，需要向甲方提出专业意见，帮助甲方做出正确的判断。

2. 场地勘察与测量

对室外环境进行场地勘察是在既定设计红线范围之内，对场地现有土壤、地形、水文、植被及建筑工程条件等进行如实的记录，同时要了解与场地相关的一定区域内部的气候、人文、地理等条件。设计师必须进行现场的勘察和场地实景体验，唯有如此，才能全面地了解和把握场地与周围环境的关系，对场地已有的条件及特征形成最为直观的感受。

室内环境的场地勘察则更侧重对建筑及其内部环境的细致掌握，如建筑的风格、建筑结构、材料、出入口、楼梯间的位置、消防设施的位置等建筑现状，还包括相邻建筑环境特征一并作为之后设计构思的依据。

在场地勘察之前首先要准备基本平面图纸，一般室内环境所需的基本图纸如建筑总平面图、水网管线图等由甲方提供，室外环境所需的地质测量图、航空和遥感照片、区划图、基地地形图等地图数据可从政府相关部门获得，之后再结合场地实际情况列出场地的问题清单，分析场地的优势、劣势条件，现存制约因素及未来可能影响场地的潜在隐患，今后的设计方案是根据场地已有先决条件基础上产生的。

如果甲方不能够提供相应的图纸，需要设计师团队自行测绘，对于室外环境也可以请专业测验人员进行航空测绘，之后再准备出必要的平面图纸。为了更加精准的记录现场，主要用到两种方法：

（1）观察标记法。结合已经准备好的平面图纸，通过步行、肉眼观察、3S 技术获取场地的实景信息，现场勘查之后开始着手初步绘制基地现状图纸，需要在图上明确标记出与设计任务相关的内容，记录相关要素是什么，在什么位置，具体情况如何。以某基地实地勘察为例，运用观察标记法记录相关的基地要素，详见表 4-1-2。

表 4-1-2　　　　　　　　　　某室外环境场地勘察相关要素一览表

图纸要标记核实的项目	具 体 内 容
设计红线范围	明确设计的范围，设计场地与周边环境的关系
地形	用虚线表示等高线，标记场地明显有高程变化的点
植物	在场地中标记出树木的大小和种类
水体	场地内水体的类型，如溪流、湖面、水池等
建筑	门窗位置、排水口、电缆、空调机位、照明情况等
其他构筑物	围墙、电力、地下管道、污水管道、消防设施等
道路	道路类型、停车场容积
场地相关环境	设计场地相邻的道路、建筑、公共设施、植物等自然情况

通过调查记录清单我们可以清晰地掌握基地的现状，在此基础上进行基地现状评估和分析，如若头脑中闪现出某些画面，要尽快勾勒出来为以后初步设计草图做参考。

（2）询问调查法。在接收设计任务书之后可以先与甲方进行交谈，了解使用者及出资方对于场地的使用要求和场地的发展愿景；在设计方案展开之后，也可以根据项目存在的问题与甲方进行交流，获得甲方对项目设计的建议和进一步要求，从而形成阶段性的工作目标。

另外，也需要考虑项目未来的使用者需求，因此，在设计开展之前，需要了解使用者的期待，如场地的功能、造型形式、管理方式等。通过问卷调查、图片展览等方式让未来场地的使用者对即将开展的设计项目有一个初步的了解，并说出真实的看法，获得对项目的切实评价。

二、方案设计阶段

方案设计阶段是一种有组织的设计程序，它是从概念、想法到具体设计形式转化的过程，也是向甲方展示设计思路、解释设计和论证方案实施可行性的过程。方案设计阶段主要包括：前期场地分析、确定设计理念、方案设计草图、深化调整、初步设计方案，方案设计阶段每一步都为下一阶段奠定基础，每一个阶段都必须严谨、细心对待。

1. 场地分析

当有了总体的设计构思之后，就要开始着手实施设计构思，设计分析的目的是告诉大家一个方案为什么要这样设计，该方案设计的合理性来源于什么。

分析是对重要的事物依据客观条件作出主观判断性结论，好与坏？如何影响场地？可否被取代？是否会影响后续的基地发展方向等。记录现有的场地构成要素相对比较容易，但是将汇总的资料进行分类分析、统筹考虑并得出合理的分析结果就要考验设计师的综合专业知识基础及实践应用能力，切记每一个设计节点都是基于场地现有条件的考量。

为了便于厘清思路，我们可以列出一个清单，弄清楚必要的分析内容具体有哪些，从而为下一步方案的构思提供行之有效的帮助。

（1）相关项目分析。无论是室外环境设计还是室内环境设计，经过前期的调研走访已经对场地有了基本的认识，在方案设计阶段开展之前要大量收集相关案例，分别对与该设计题目相关的案例进行理性的分析与比较，了解目前这一类型的场地都有过怎样的尝试，设计的切入点在哪里，重点考虑的是什么，它们主要解决哪些方面的问题，设计构思框架如何，有哪些值得借鉴……吸取优秀的设计经验，从而为自己下一步明确设计定位、设计立意构思做储备。

通过举一反三、触类旁通，好的设计灵感或许来源于你看过的一个案例、一部电影，生活中的经验积累同样会有助于你的设计立意构思。例如勒·柯布西耶设计的朗香教堂，他本人在生前讲述过很多关于这个教堂的事情，但或许他自己也并不清楚这个坐落在小山顶上的朝圣之地到底是怎样创造出来的。勒·柯布西耶关于自己的一般创作方法有下面一段叙述："人的大脑有独立性，那是一个匣子，尽可往里面大量存入相同问题有关的资料信息，让其在里面游动、煨煮、发酵。然后，到某一天，喀哒一下，内在的自然创造过程完成。"这段话讲的是动笔之前，要做许多准备工作，要在脑子中酝酿。

（2）场地所在区域整体周边环境分析。这主要是针对于室外环境设计，结合场地具体的情况展开分析（图4-1-3）。例如，某公园位于城市中心地带，给公园做设计之前，我们需要分析公园在整个区域内的地理位置及相关情况，

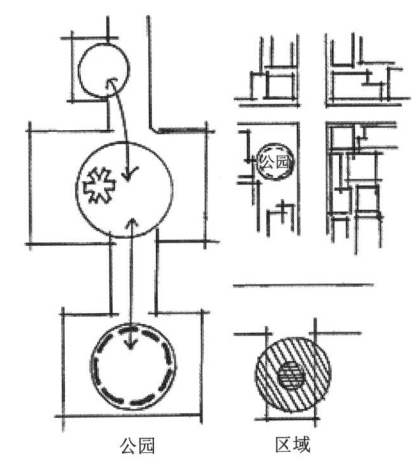

图4-1-3 场地周边功能关系图

可以从以下一些方面着手考虑：

1）相邻土地的使用情况和特点，如商业、教育、医疗、居住等，不同类型的土地使用情况对场地的人流量方向是否有影响，可能会影响人群来去的方向，尤其是在交通量高峰时期，将会对场地的出入口位置产生影响。

2）周围环境的主要可识别特征，如标志性建筑物，它的年代、样式、风格等是否影响到场地内部建筑的协同规划管理。

3）周围环境的整体氛围如何，是否让你有不舒服的地方，它与场地未来的愿景是否相符合。

4）周围一定范围内是否有与场地相似的功能规划，如要做一小型游憩园，周围是否有类似的街角绿地、迷你公园与之相似，它们的特点是什么，如何避开雷同点，找到场地独有的吸引点。

（3）环境质量及自然条件分析。自然条件分析主要包括地形、水文、小气候、土壤、植被等。

1）地形。室外环境中，地形对场地的影响不容小觑，打破原来一刀切的设计思路，在标注场地内整体的高程变化后，总结其优势，标明需要注意的地方，用地需要因地制宜，运用地形的变化会让场地的未来产生独特的价值。

● 标出坡度较陡和较缓的区域，坡度太陡容易造成雨水冲刷，需要固土，坡度太缓容易形成积水，不可种植花卉。

● 场地内现有步行区域坡度是否适宜，是否有需要调整的地方。

● 标记场地内楼梯的高度、挡土墙顶端和底部的高差。

2）水文。关于场地内的水文情况，我们需要掌握场地内包括建筑的排水点及排水口的流水方向；标记主要水体的高程及水质如何，是否需要净化处理，如果水量不多，是考虑注水或是摒弃；冬季结冰后对场地的使用情况有哪些影响；水位的变化如何，对未来场地的功能规划都会有所影响；场地内水的形态有哪些，后期是否有改造的可能性；场地附近是否有径流流入，流量如何，这将确保场地内的现有水体是否有充分的补给。以上这些只是我们基于场地内水文情况的部分思考，考虑的越细致，后续方案的合理性、可实施度就越强。

3）小气候。室外场地的小气候是影响场地使用强度的关键因素，排除场地环境的功能性吸引力，小气候关乎人们对场地使用的满意程度（图4-1-4）。

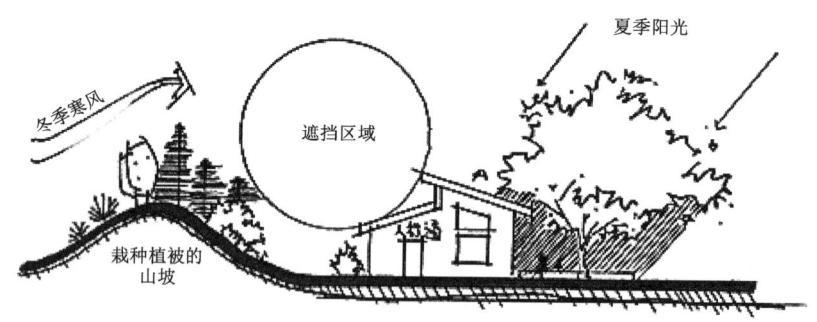

图4-1-4 简要画出构成场地微气候的主要因素

● 思考场地内夏季阳光照射时数最多的地方在哪里，冬季阴影面积最大持续时间最长的地方在哪里，可以针对不同活动的光照需求进行合理的场地布局。

● 常年季风的方向，场地内是否有风旋，如果有应该采取什么措施疏导或者遮挡；夏季微风浮动的地方有没有可能考虑做休息区；冬季避风的地方在哪里，是否靠近主要活动区。

● 场地内的空气质量如何，当然这也和周围的土地使用情况有关，是否需要增加绿地面积，从而在一定程度上提升空气质量。

4）土壤及植被。植物依存土壤，土壤的酸碱度、肥力对植物类型的选择起到决定性作用，对于寒地区域来说，土壤的表层深度及冻土层深度对场地建筑、构筑物的建造实施也至关重要。我们需要粗略考虑以下内容：

● 首先要标记出场地内外形较好、体态高大的树木的具体位置、数量，结合树龄考虑是否保留，同时结合场地功能和小气候因素思考保留后的场地应用情况有哪些问题。

● 如果场地内植物覆盖面积较大则应标明植物的类型及分布区域，考虑哪些地方需要改造哪些地方需要维持原状。

● 植被的颜色和季相变化是否丰富，考虑有针对性地调整植被类型，形成有特色的植被观赏区。

● 儿童活动场地要摒弃带刺的植物，不用易引起过敏的植物。

● 寒地区域对于树木密度较高的场地尽量选用非常绿树种，选用落叶阔叶林兼顾夏季遮阴及冬季晒太阳的需要。

（4）场地所在区域的人文环境分析。场地的人文环境分析包括场地所在地域的历史文化特色、传统风俗、思想价值观念、民族宗教文化等方面。具体细分内容层面较多，如居民知识结构、宗教信仰、道德法律等。人文环境对环境设计的风格形式具有决定性作用，另外应充分考虑当地的人文环境脉络发展过程，这是构建具有地方特色的环境设计作品所必须具备的前提。

（5）功能分析。通过功能分析明确现有场地的主要功能是什么，使用效率怎样，有哪些需要调整或者全部推翻。我们可以结合以下内容进行思考（图4-1-5）：

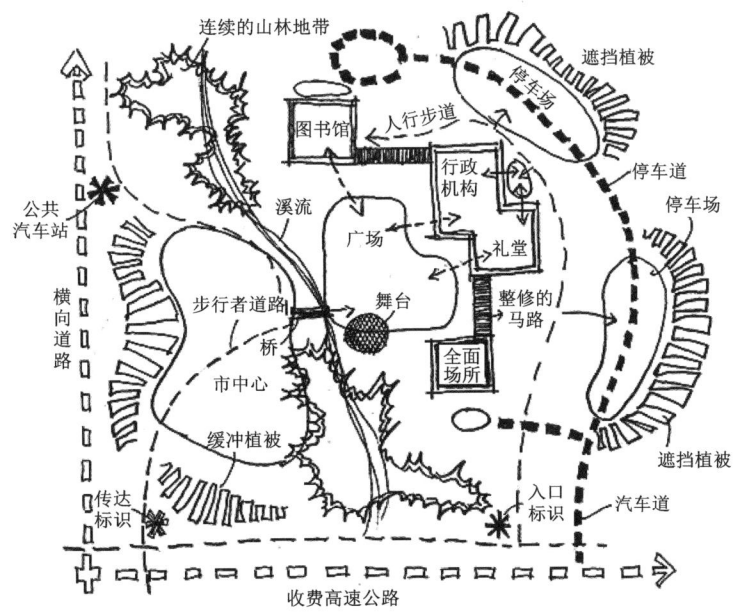

图4-1-5 功能分析图

1）功能设置与该空间主要建筑形象是否相呼应，同时考虑如何与其他空间进行连接。
2）不同功能之间的关系，哪些可以放在一起，哪些需要分开放置，是否需要阻隔和遮挡。
3）场地中核心功能空间的位置，是开敞还是封闭？需要考虑每个功能空间的封闭状况。
4）穿越一个功能空间，是从中间穿过还是组织绕行？功能空间的进出口。
5）室内空间是否与室外空间感官体验相一致。

（6）场地交通条件分析。这主要是针对场地原有使用现状来说的，如果基地原来有一定功能，道路网铺设较为完整，在进行基地改造的时候就需要充分考虑原有的交通流线，考虑是否保留原有主干道、消防通道的设置。

如果是空白场地则需要重新布局交通流线，结合场地的主要入口位置、若干功能分区布局进出场地的路线；室内环境则必须尊重原有的建筑结构，考虑主要的交通空间设置与入口之间的相互影响；场地内部的交通流线需要依据场地功能分区之间的关系进行细化调整；任一多功能场地需要考虑不同交通使用者的需求，如机动车、步行者、自行车等，从入口处需将它们进行引导式分离，机动车直接进入停车场，司机步行至主入口广场，步行者直接从主入口广场进入场地并可直抵核心功能区，自行车从入口广场沿慢行环路进入场地（图4-1-6）。

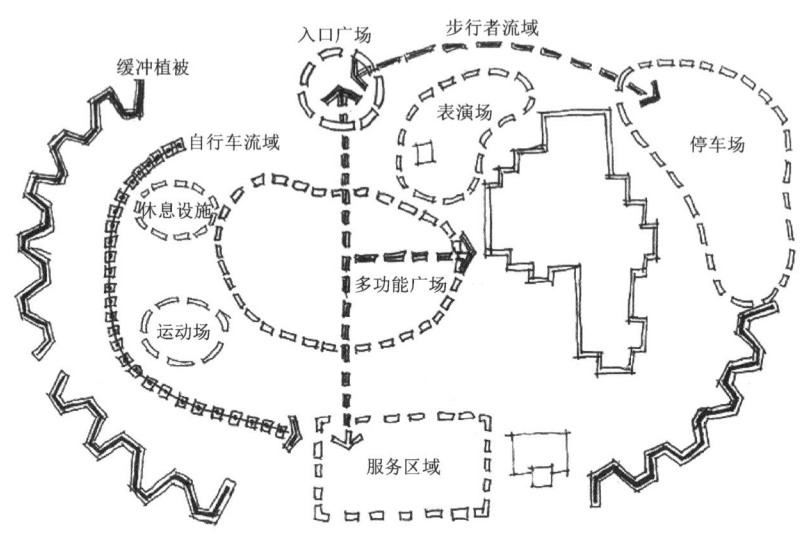

图4-1-6 某场地交通流线分析图

为了设置合理的交通流线，更好地服务于场地，还可以更加详细地考虑如下内容：

1）场地被使用的高峰时间和休息时间，如何分散人流，设置几个出入口，与场地外部主干道的关系。

2）停车场的位置、规模、数量和使用频率。

3）主要的机动交通流线与主入口、停车场等交通功能空间的关系。

（7）适用人群分析。在进行方案设计之前，首先要明确使用者是谁，其行为习惯如何，对场地的使用需求方面有哪些典型特征。比如老年人群体，室内环境以安静、光照充足、适宜交谈等为主要目标需求；儿童室外活动空间要求满足晒太阳、纳凉、安全、无刺激性气味等。

室内环境设计对目标人群的指向性更加具体，需要结合业主的主观需求，同时要细致考虑目标人群对环境的多层次需求。例如，某服装品牌门店的室内环境设计，考虑到业主经营的主要是自己设计的品牌服饰，具有浓厚的异域风格，因此店内的整体氛围要与业主的服装设计风格相一致，突出人情味、富有浪漫的气质；同时该店的目标销售对象是20~40岁的女性，由于消费者多为开发区工作人员，对精神生活和生存状态的关注是其特点，门店设计要有一定的品味和新鲜感才能带给目标人群与众不同的空间体验。因此该门店整体的设计应结合业主、目标人群需求，定位于亲近自然、注重环保、与自然对话。

（8）视线分析。视线分析往往与场地内部的交通流线、功能分区、景观结构密不可分。中国传统园林中的许多造景手法都与视线有关，如欲扬先抑、小中见大、步移景异、借景等，环境设计质量评价很大一部分来源于使用者在一定视线范围内获得的信息质量。如，位于狮子林西部景区北缘的湖山真意亭是游人观赏园内湖山景色的最佳视点，同时建筑朝东、南、西三面开敞，取得了绝佳的框景效果，因此在构景过程中要注意视线的分析与运用（图4-1-7和图4-1-8）。

对于室内环境来说，需要考虑使用者从建筑入口进入场地内部过程中整体环境的视觉质量如何，是否有需要遮蔽的，如何组织视线序列，如何让室内空间不呆板、空间层次丰富且充满活力。

另外，从室内向外看到的景观质量也影响到人们对室内整体环境质量的评价，因此，室内环境的视线分析也包括从窗户向外所看到的景观。

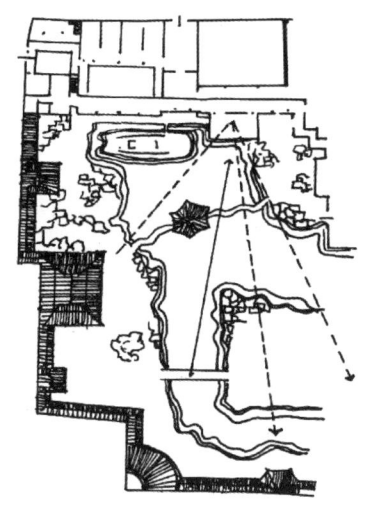

图 4-1-7　湖山真意亭的视线分析　　　　　　　图 4-1-8　湖山真意亭的框景效果

对于室外环境来说要明晰场地内部及周边现有环境的优与劣，佳则收之、俗则屏之，包括从场地外部看向场地内部的景观，思考何处是最佳的观景点，何处因视线质量不佳而不宜设置供人停留的空间。当然也存在场地环境内部毫无亮点之处，则着重考虑通过环境设计提升视觉质量。

（9）空间感受。环境中的光、空间尺度、色彩、质地、空间格局、动线组织都会影响到人们对整个空间的感受。我们可以通过回忆初到场地时的感觉来着重分析哪些原因导致空间具有开敞、封闭、欢乐、忧郁、兴奋等特质，是否需要继续强化，还是试图去改变。

环境中座椅的位置、朝向、材质、特殊的声音如交通噪声、水流声、风吹动树叶沙沙的声音，这些都需要加以标记，并结合空间感受舒适度来思考如何改进。如并排放置的座椅，人们在交谈时需要扭动身体，前方开阔隐私性弱，并容易被路人的视线打破；当座椅呈90°放置时，座椅围合成半开放空间，更适合两人交谈，视线相对，且不易被打扰（图4-1-9）。

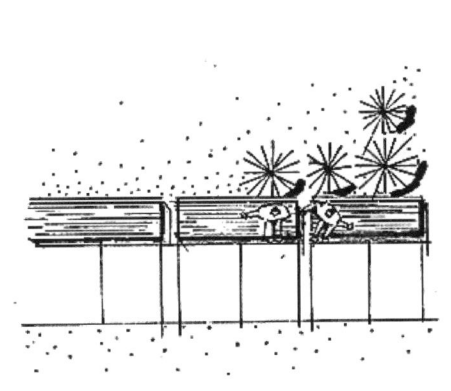
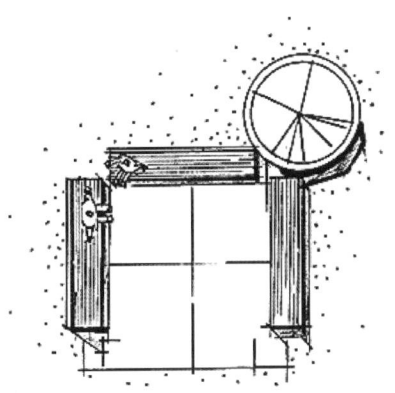

图 4-1-9　不同座椅摆放方式带给人的空间交谈感受不同

场地分析的过程中，我们一边在斟酌思考场地的问题，同时设计过程已经展开，分析的过程也是设计方案最初萌芽的伊始，你的一些想法已经开始落地生根，但切记不要过于陷入具体。

2. 设计理念

"文贵立意""意在笔先"，好的方案在设计最初就需要进行整体的理念构思，在场地分析的基础上，提出设计理念。设计理念来源广泛，我们可以通过一些问题获得灵感，如设计的目的是什么？有哪些功能？解决哪些问题？甲方的主要要求是什么？设计的核心部分是什么？形式风格倾向如何？场地历史文脉，等等。好的设计理念可以在满足场地功能设置、风格形式、环境品质提升等基本问题的基础上，使整个设计方案具有一定的内涵和深度。设计理念构思需要经历头脑风暴、设计定位、概念生成等三个阶段。

（1）头脑风暴。所谓头脑风暴最早在精神病理学上用于描述患者精神错乱的状态，设计行业将其转而解释为产生新观念的自由联想和讨论。

环境设计需要团队协作，在设计方案前期，设计团队需要获得灵感，共同寻找问题的解决方案，产生概念，探索新的设计思路，这些需要团队成员群策群力，这时就进入了头脑风暴阶段。

（2）设计定位。明确设计项目的总体基调，例如迷你公园的尺度设计是核心考量的问题；文化教育活动场地以教育意义凸显为核心要旨。室内环境设计中主题定位显得更加重要，它能够左右空间整体的设计风格、材料、色彩、造型等，其主题定位也可参考主要服务人群属性、空间核心功能。

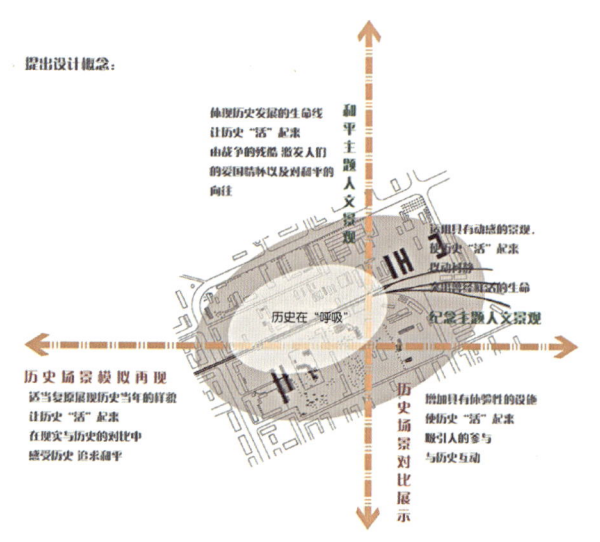

图4-1-10　某遗址公园景观规划设计方案提出的设计概念

（3）概念生成。当我们向甲方陈述方案时，通常不会直接阐述场地的主要功能、交通、造型设计、空间层次等方案实质内容，虽然拿出针对场地问题的完美解决方案是甲方关注的重点，因为甲方更在意得到实用的空间以及获得美感的形式体验，但作为设计者，在已有的前提下我们希望能让场地与潜在的使用者之间建立密切的联系，给使用者带来印象深刻、有意义的空间体验。于是我们用"设计概念"这个专业词汇来描述方案的核心要义，设计概念得到甲方的认同也表示设计师与甲方在方案的终极目标上趋于一致，为设计师进一步开展设计工作提供依据（图4-1-10）。

设计理念体现设计师对场地现状的解读、对场地未来的憧憬，要因地制宜而非盲目地标新立异，可以从以下几方面着手：

1）主题。确立一个恰当的主题，例如"共享"提示空间之间的互通性、多功能性，私人空间与公共空间的互动等，会切实拓展人的空间体验；"公厕设计"成为现在新农村建设的一个侧重点，通过公厕改造设计增益新农村基础设施建设。

2）符号。通过一些事物或者某种形式与其相似的、传统的事物建立联系，让人联想到什么，从而丰富情感的记忆与感官体验。例如，苏州博物馆的庭园环境设计，设计师并没有用传统园林的太湖石，而是用现代感十足且高低错落的片石排列式放置在水池边，寓意湖光山色的景象，让人仿佛畅游于中国古代山水画之中。

3. 方案设计草图

在对项目场地有了基本且相对完整的认识以后，我们需要画一些设计草图来表达初步的设计构想或者说是即刻涌现的想法，随着设计方案的深入，有时因为新的想法或者甲方新的要求会被临时打断，出现反复构思、调整、绘制草图的过程，初步设计草图经过反复的推敲、修改会越来越完善，从而形成方案深化设计图纸的基础（图4-1-11）。正是因为方案设计阶段的反复性使得方案设计的结果充满未知数，这也是环境设计专业最具魅力和挑战性的地方。

环境设计的方案不具有唯一性，在同一理念下会生成多种方案，因此方案设计草图阶段需要设计师针对场地的问题提出多样的解决方案，在相互比较的过程中存优淘劣。方案设计草图主要包括：功能泡泡图、概念设计草图、方案草图、计算机草图模型，任一草图会出现多次重复，进行相互论证，进而推动方案一步步走向清晰和完善。

（1）功能泡泡图。功能泡泡图即场地功能简化分析推演图。功能泡泡图将场地初步预想的功能放置在场地中，用不同的圆圈文字表示，同时记录脑中浮现的设计灵感，重点推演功能与功能之间的关系，如餐厅和室外种植区可以放在一起，起居室和室外种植区需要用硬质平台隔离开，或者间隔哪些其他要素等（图4-1-12和图4-1-13）。

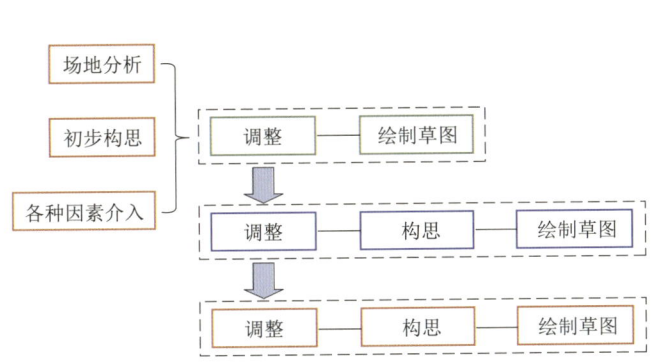

图4-1-11 方案设计反复推敲过程

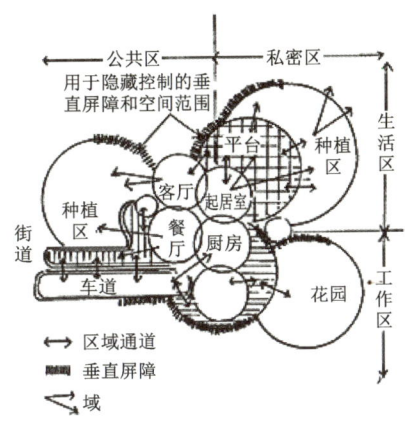

图4-1-12 居住环境功能泡泡图

通过泡泡图来描述场地的基本功能设置及功能相互之间的关系，方便下一步多种方案的比较。泡泡图越简洁越有助于发散思维，拓展设计思路，以免限于细节忽略整体不同功能之间的关系。

（2）概念设计草图。概念设计草图这个阶段的平面草图是在多个功能泡泡图方案比较之后，确定其一演化生成的，是多种功能分析图综合分析比较的结果，设计草图阶段是设计师自我交流或设计师与甲方交流的产物，有时草图会画得很简单，只要能表达清楚主要的信息即可，并不在乎图面效果，它有时表现了方案整体略有模糊的形象，因此很多部分都不明确，需要结合文字记录想法，便于进一步推敲方案。

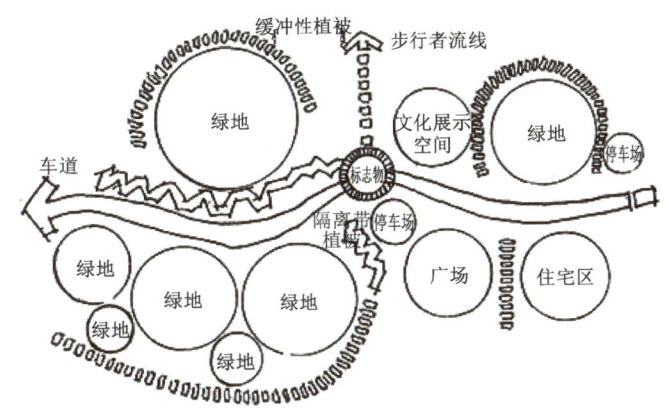

图4-1-13 城市某处公共绿地功能泡泡图

草图阶段关键是既要快速记录设计意向，表达设计者最直接、最真实的想法，同时又要耐心推敲方案，分析、判断、选择，这个过程是方案磨合、循环往复的过程，不可操之过急。

室内环境设计概念草图很重要的部分是对空间功能的分析，从平面的角度进行的，采取图形分析的思维方式，通过平面图由粗到细、由抽象到具体的绘制。室内环境设计的功能分析草图主要考虑几个方面：①不同功能类型的划分；②功能分区布局；③交通流线；④平面布局组织手法；⑤平面功能分析的空间思考，如公共空间、私密空间、空间大小、空间层次、空间视线关系等。

（3）方案草图。方案草图是方案设计的中心环节，它有两个作用：一是设计概念空间形象思维的进一步深化，二是设计表现的关键环节。一般通过平面图、立面图、剖面图、透视图并结合文字进行方案表现，基本思路如下：

1）明确平面设计布局，用图纸勾勒出布局准确的平立剖面图（图4-1-14）。其中立面图是将设计内容的一面垂直投影到平面上所得到的图形（图4-1-15）；剖面图相对立面图可以看到更多在平面图中无法表现的要素，通常剖面图可分为两种：一种是沿着长轴方向从平面的某个部位剖开得到的纵向剖面图；另一种是沿着短轴方向剖断的横向剖面图，剖切位置需要在平面图上用剖切符号标记清楚（图4-1-16）。

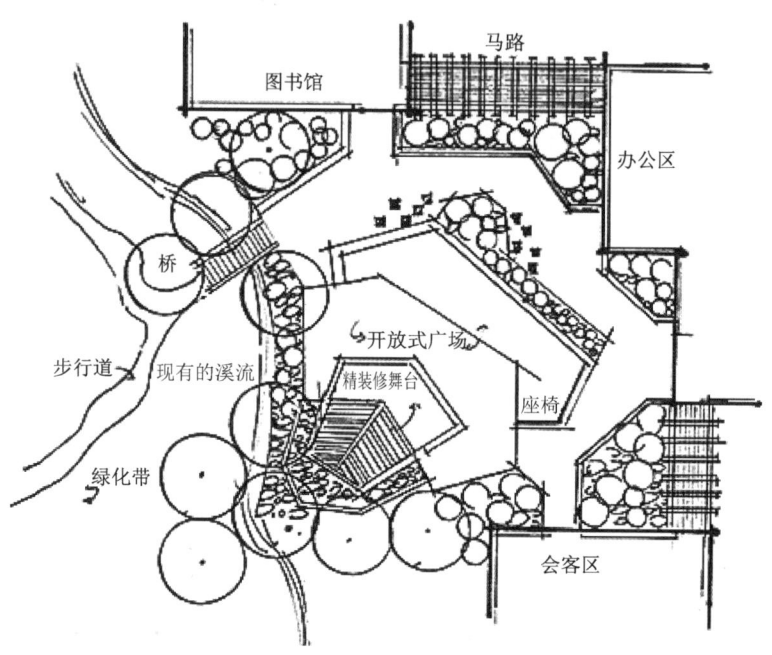

图4-1-14　某广场方案平面图

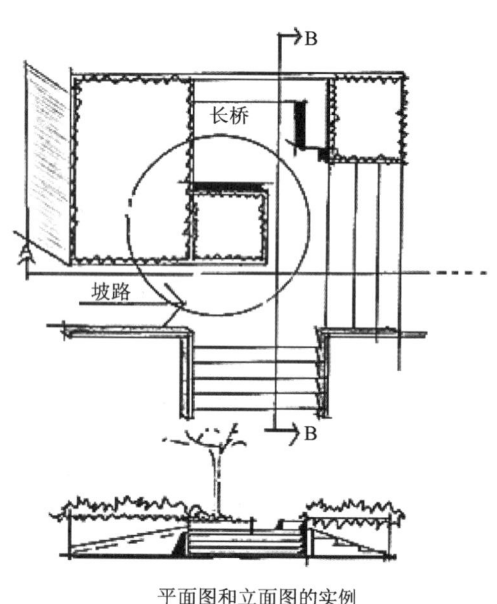

图4-1-15　平面图对应立面图

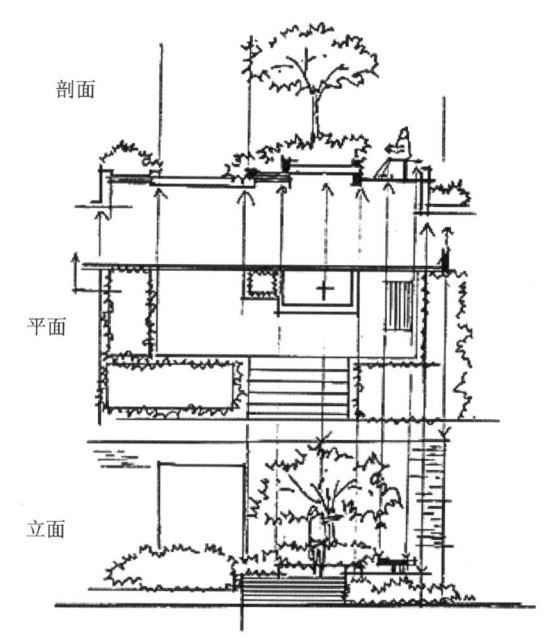

图4-1-16　从平面图如何推导立面图和剖面图

2）表达具体形象，勾画相对详细的效果图，表现局部细节、构图法则，可以从意境联想、流行趋势、艺术风格、材料构成等方面打开自己的思维进行方案草图作业。

3）细节推敲，推敲细部尺度和空间形式。

4）方案设计说明，运用相应文字进行图纸辅助说明。

（4）计算机草模辅助设计。除了利用徒手草图来推敲方案，还可以借助计算机进行设计构思推演。对于室外环境来说尺度太大，立体空间思维不容易展开，利用计算机可以进一步推敲场地的尺度关系和空间层次，同时可以透过不同角度、不同高度的视点来观察场地，空间体验更加真实（图4－1－17）。

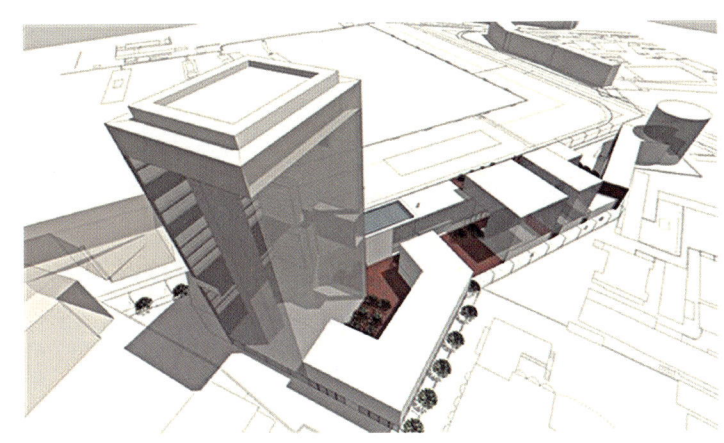

图4－1－17 某商业广场空间尺度模拟

一般情况下，方案设计前期用徒手草图来记录灵感，发现问题，方案推敲，形成初步设计意向，用计算机进行尺度、空间感、造型形式等细节的推敲。

4. 深化调整方案

在经历前面的几个步骤之后，试图把得到的结论和大体的想法意见进一步完善细化。深化阶段是对初步设计构思草图的修改和补充，既涉及总平面图、局部设计图、造型研究等，也涉及建造技术的相关问题；同时还要对一些细节问题进行深入研究，细节图纸比例一般在1∶100或1∶50。

深化调整设计要注意保留初步设计阶段的核心想法，进一步凸显方案的优势和特色。设计深化是一个多次反复的过程，调整深化不可能一次性完成，除了解决方案自身的细节问题，还要协调各个专业的关系，这时之前讨论过的技术建造细节问题也会随之发生变化，因此要保持平和的心态，细心反复检查所有的环节。

深化设计完成后需要有相对明确的深化设计图纸，包括总平面图、局部平面图、立面图、剖面图、整体鸟瞰图（室外环境）、透视图等能够表达清楚方案的基本内容，使甲方对方案有一个相对清晰、完整的认识。

另外还需要相应的设计文字说明与设计分析，进一步阐明方案的合理性，包括功能结构分析、交通流线分析、节点分析，室外环境还需要有种植设计分析。同时针对方案中的节点细部进行细化，提供构筑物等细节的平立剖面图，局部节点的效果图等。

5. 初步设计方案

初步设计阶段是整个方案设计过程中最为重要的阶段，它是前期资料收集、设计构思形成明确结论方案的过程。

在深化调整过后设计方案基本确定，初步设计阶段是进入施工图设计阶段的前奏，这个阶段要完成工程和方案中的一系列具体问题，为下一步施工图设计、工程造价等做好相应的准备，这时是方案能否落地实施的关键环节。包括：①最终确定的总平面布置图，室内环境设计还包括天花平面图；②竖向设计图；③平立剖面图和细部结构设计图；④节点构筑物、设施初步设计，室外环境包括景观小品、景墙等，室内环境包括特殊的定制家具；⑤植物配置细则及苗木清单；⑥地面铺装图和材料应用表；⑦照明灯具选择类型表。

三、施工图设计阶段

施工图设计阶段是设计师对整个项目进行最后的决策阶段，除了需要与其他各专业进行必要的协调、解决技术问题之外，还要向材料商和承包商提供准确的信息，让建筑工人能够清晰地了解设计者的意图，把图纸上的内容能实际建造出来。施工图要求运用规范的图示标注语言，严格按照制图规范和行业标准进行图纸绘制，切实保障工程的设计质量和施工技术水平。另外，可依据初步设计图纸放大比例尺，将建造所需要的详细尺寸、材料规格、施工工艺等详细信息标注在施工图上。

1. 目录

在整套图纸首页标注图纸明细及页码。

2. 平面图

室外环境设计指的是总体放线平面图，包括：①基地所在城市的坐标网、场地建筑坐标、名称编号、室内标高及层数；②道路控制点（起点、转折点、终点等）的场地坐标值；③地形标高、坡度值及走向等；④指北针、风玫瑰图、比例尺；⑤城市坐标系统和高程系统的名称，城市坐标网和场地建筑坐标网的相互关系、施工设计依据等。

室内环境设计的施工图涉及平面图的内容包括：①原始平面图（实际测量）；②墙体改建图；③平面布置图；④天花布置图（标明吊顶造型、层高、灯具位置、棚顶电器如空调、浴霸的位置及详细尺寸）；⑤地面铺装图（地面材质及铺设规则）；⑥强电布置图（应用大型电器等强电线路走向布置）；⑦弱电布置图（灯具、电话、网络线路走向布置）；⑧开关插座图（开关及插座的详细布置图）；⑨给排水系统、消防系统等管线和设备布局定位图。

3. 竖向设计图

室外环境竖向设计图也称为高程图，室外环境设计需要标明以下内容：

（1）场地内地形的等高线，用高距为0.10～0.50m的设计等高线表示设计地面起伏状况。

（2）场地外围道路、河流等关键高程点。

（3）建筑物、室内外设计标高。

（4）道路和明沟的起点、变坡点、转折点和终点的设计标高。

（5）纵向坡度和坡距，用坡向箭头表明设计地面坡向，竖曲线半径。

（6）道路需要注明单向坡或双面坡。

（7）挡土墙、护坡或土坡等构筑物的坡顶和坡脚的设计标高。

室内环境的立面图数量不定，要求是要把主要空间的主要立面表达清楚，如家居环境中厨房的立面图、客厅立面图等。剖面图的数量及剖切位置选择依照设计场地的具体情况来定，以充分表达设计意图为原则。

4. 种植设计图

植物种植设计图中植物栽植的尺寸大小有一定的弹性，只需要标明植物的种类及种植保护设施，还包括平面图、立面图、剖面图及苗木类型数量表，其中植物栽植平面图包含以下内容：

（1）植物种植区域范围。

（2）现有植物的位置及树冠直径尺寸。

（3）预定种植植物（乔木、灌木）的位置、形态和大小。

（4）因为植物形态而需要预先保留的范围，包括预留出足够的株距。

(5) 图例、植物类型表和索引。

5. 节点详图

节点详图需要把局部特殊设计的部分、复杂的造型交代清楚，标注清楚尺寸、材质、图案样式、施工规范等内容。室内环境设计的节点详图包括墙面详图、柱面详图、建筑构配件详图、设备、设施详图、造景详图、家具详图、灯具详图等。

6. 施工图设计说明书

施工图设计说明书是对施工设计的具体讲解，说明对工程的总体设计要求、规范要求、质量要求和施工约定等。环境设计施工图需要各个专业的协同协作，因此需要用简洁、规范的语言撰写施工设计说明书和造价预算，从而有效协调各专业之间的关系，共同为设计施工方案的顺利完成而努力。

四、设计实施阶段

设计实施阶段就是施工阶段，设计师需要重点完成以下工作：

（1）施工前向不同专业的施工人员解释设计意图，进行图纸的技术交底，分配工作流程。

（2）施工过程中，根据工程进展情况，结合现场实际进行设计指导，及时解决施工过程中存在的问题。

（3）根据施工现场的实际情况及时调整、修改设计图纸。

（4）室内环境设计要对装饰材料进行选样，协助业主选择与设计风格相匹配的家具、装饰材料和软装陈设等。

（5）施工结束会同工程质检方进行质量检收。

1. 解读设计任务书哪部分内容最为重要？
2. 方案设计阶段应该具备哪些环节？
3. 施工图设计的主要内容是什么？

第二节 设 计 方 法

环境设计的特别之处在于它是基于建筑外部环境和建筑内部环境的实际情况开展设计方案，方案产生源自场地存在的问题抑或是甲方对场地未来的期待，这些都可以归纳为场地的现有问题，当发现问题后就要有针对性地分析问题，找到解决问题的策略，在这个过程结束后新的场地生成了，场地迎来了新的生机，满足了甲方的需求，甚至给场地周围的环境也带来了新的机遇。

一、发现问题

1. 问题的多样性

发现新的问题需要智慧和想象力，环境设计需要抓住场地存在的关键问题成为整个设计环节中最为重要的一环，然而解决问题的设计方案并不具有唯一性，设计方案只有更好没有最好，设计前期关注什么问题就会产生相应的设计方案。

例如，为普通三口之家的居住空间室内环境进行设计，由于房屋为两室一厅，根据关注的不同问题，可以产生以下几种不同的构思方案：

（1）以增加使用者共享空间和时间作为方案的切入点，将公共区域的所有隔墙都打开，增加父母和孩子活动的公共区域空间尺度，将餐桌作为厨房与会客区的媒介，餐桌既是一家人吃饭的地方，也是父母陪孩子读书、交谈的场所，同客厅一样具备交流、互动的功能。

（2）从提升家居环境品质方面着手，着重创造温馨、富有家庭成员个性、体现个人品位的居家环境。如父母喜欢传统、庄重、体现文化内涵的中式风格，而小孩喜好动漫卡通，充满童趣的房间。

（3）将问题的核心放在家庭成员对空间使用需求的不断变化方面。如随着孩子的成长，上小学时孩子需要更多倾听父母声音，与父母相互陪伴的共享空间；当孩子大一些，需要独立的私人空间；家里的老人也会来小住的空间；夫妻为了事业发展需要独自办公的空间；朋友聚会不会打扰孩子学习的空间；储物空间需求的增加，等等，这些都需要将这个两室一厅的房子能够自由切换多种使用模式，使原本单一的功能空间能够自由伸缩、隐藏、转换、折叠等，以满足多种需求。

以上是针对同一个场地，由于关注问题视角的不同提出的三种不同的设计方案，方案（1）的问题关注点在于家庭成员之间无空间障碍交流，着重体现公共空间共享对促进家庭成员交流所起到的作用，避免父母陷于"真空陪伴"；方案（2）提出的问题是如何满足家庭成员对家的感官审美体验；方案（3）要解决的问题是家庭成员结构变化的同时要满足不同成员对家的不同需求。

2. 如何发现问题

（1）与"常规"保持距离。当拿到一个设计题目时，经过查找资料你会发现已经有无数个案例提出相似的解决方案，这些常规方案的设计理念会充斥着你的大脑，这时你需要与这些方案关注的常规问题保持距离，重新思索方案面临的主要问题，打开新的设计思路。

（2）打破惯性思维。"我觉得""适合""新颖"这几个词是初学设计者通常用到的，"我觉得挺好的""这个放在这里很适合""这个问题提得很新颖"，刚开始接触设计，一部分人会凭借感觉出发，说不出方案的关键问题是什么，只是凭借感觉去判断；还有一部分人会故意与关键性问题背道而驰，力求标新立异。例如有的人在旧房改造中会过度关注厕所的问题，而忽略常用空间的流线便捷度、储物、采光通风等问题。因此我们要打破这种惯性思维，既抛弃那些人云亦云的问题，也要放弃那些过于钻牛角尖的问题。

（3）需要想象力。日新月异的科技促使环境设计在改变我们生活的过程中日益多元化，设计的构思要求推陈出新，创新性地打开思路，需要想象力，更需要基于普通人生活的观察与积累。"看不见的东京"住宅将原本简单的房子原型经过转动角度、叠加生成新的建筑空间，当住户沿着户外楼梯拾级而上，仿佛可以感受到房子就是城市，建筑师想要在一个杂乱纷纷的地方造出一个无限丰富的想象空间（图4-2-1）。

二、分析问题

环境设计针对不同的场地基础、不同的功能需求、不同的适用人群，它所面临的问题也是极为复杂的，设计者需要结合场地现有的基本条件展开问题分析，可以把问题大致分为几个方面：空间与结构问题、环境质量问题、文化与艺术问题、经济与技术问题、人群需求问题等。

1. 空间与结构问题

室内环境空间主要是被建筑结构限定的，而室外环境是由主体建筑及相关环境要素来界定的（相对模糊），无论室内环境还是室外环境，无论其面积有多大，我们都可以用"空间"来形容，如室内办公空间、庭院空间、广场空间等。室内空间利用墙体、隔断、建筑构件等进行划分，室外空间则运用景墙、长廊、水、植物、山石等在构景的同时来界定空间。

图4-2-1 藤本介壮的Tokyo Apartment

设计者需要研究不同功能空间的功能特性、掌握基本的设计方法、熟知不同类型的空间其基本问题在哪里，主次空间分明，整体统一。例如下沉空间，地面标高地域周围环境，空间自然产生一定的围合感，当在下沉空间中观察周围环境时会带给人一种荫蔽感和安全感，故而适合用来放置休息区，爱悦广场是劳伦斯·哈普林所做的波特兰系列广场的第一个环节，它的空间主要是由象征自然等高线的不规则台地组成的，在这个广场中台地上面的休息廊寓意洛基山脉，而下沉台地部分则象征着加州的山间溪流，一幅生机勃勃的自然画卷映入眼帘，空间层次丰富且让人不由自主地沉浸其中（图4-2-2）。

2. 环境质量问题

室内环境质量问题通常包括气候、温度（室内采暖）、光线、室内通风、交通流线便捷度、视听感觉等多方面，它体现设计过程中技术与艺术问题的融合度，也是能够体现环境设计质量最核心的所在。室外环境更多涉及生态、人文、历史等问题，设计师不仅要营造一个视觉上美的空间，更重要的是创造一个围绕人多方位需求的高质量生活环境。

3. 文化与艺术问题

人类在创造自身文明的同时，社会文化价值观念也在随之不断地更新、变化、发展。对有价值的人类

图4-2-2 爱悦广场

文化遗存的继承和保留，延续着人类的历史情感。环境设计要反映时代特征、积极创新，又要尊重传统、延续历史、传承文脉。

环境设计应该注重新、旧文化的结合，形成环境的时空连续性，使历史与未来形成对接。一方面我们可以通过缅怀历史，利用历史的遗存、生活的痕迹、文字的解说，将人带入对往昔的追思，从而加大环境内涵的信息量，从传统建筑中提取传统造型要素、细部片段等象征符号，传承历史信息；另一方面，我们可以通过感受历史时代、利用特定历史时代的事物、历史代表人物，来诱发人们缅怀那个特定的时代。

环境设计要体现地域文化和对历史的延续与尊重，否则很难产生共鸣，把握场地已有的文化特征，在此基础上进行艺术创新，才能营造出发人深省、认同感强的环境设计方案。

例如，北京前门大街景观环境改造方案。前门大街历史悠久，曾是皇帝出城赴天坛的御路，历史悠久，百年老字号众多，是北京重要的旅游景点之一。重新规划后的前门大街秉持"商业功能与独特风貌相结合""历史遗存与历史符号相结合"两大原则进行更新改造，成为北京另一个重要的文化据点所在（图4-2-3）。

图 4-2-3 改造后的前门大街

4. 经济与技术问题

经济与技术问题通常出现在方案落地实施阶段。环境设计要依据相关的科学原理、相关的技术要求、相关工程的项目原理进行，如该地段的水文、地理、地貌、封冻线、土壤等；植物生态习性、生物学特性；园林建筑和园林工程的设计规范等对分析场地问题、提出解决问题策略具有决定性作用。

经济问题是园林设计的重要依据和基础条件，主要考虑：主题的实现、造园材料的选择、施工管理要求、因地制宜、园林管理方面的问题，要注意合理安排工程施工费用、空间和时间的利用，达到"省本多利"。

5. 人群需求问题

环境设计要充分体现以人为本，结合时代变量因素，尽量考虑不同人群行为及心理需要的环境空间。室内环境设计中，我们还需要考虑人的消费行为心理特征与功能分析和交通流线设计的相互关系。

为此，对人群需求问题的考量，有以下两种基本分析方法可以借鉴：

（1）"五W法"，即 when（什么时间）、where（什么地点）、why（什么原因）、who（什么人）、what（发生了什么事）。对于任意一个环境如果想要回答出这五点问题，都需要耗费一段时间来观察、记录、分析才能够得出合理的结论，并据此进行相关的环境设计。

1）针对时间。观察记录的时间越长，得到的结论越具有可信度，观察的时间不同，得出的结论也不同。例如，分析某广场在夏季一天之中不同时间段的使用人群及其行为特点，会发现通常清晨散步、晨练的老年人居多，上午9点之后下棋聊天的主要还是老年人，还有一些婴幼儿和家长会出来散步、晒太阳，下午人流量明显比上午减少，到了晚上青年、老年、小孩都多了起来。

2）关于活动地点场所。主要了解场所的构成要素及其周围环境，如面积、形态、构景要素、交通条件、自然植被、社会文化氛围等。不同的场所环境会为人们提供不同的物理活动空间，如人们喜欢夏季在阴凉处活动，而到了冬季则尽可能寻找有阳光的地方进行短暂的户外活动。

3）人的需求来自于他想要做什么。什么原因产生什么样的行为需求，这项分析需要结合问卷调查进行，这种需求的原因可能是主动产生的，也可能是由于环境因素引导人的行为发生。我们只需要了解主要使用人群的目的即可。例如同类型的环境，为什么A场所的人多，B场所的人少？A场所相比B场所有哪些更吸引人的要素，这有助于为我们展开更佳的环境设计提供参考依据。

4）关于使用人群特点。我们需要基本了解主流人群的性别、年龄范围、出行方式等，这些都需要通过观察并结合问卷调查进行分析归纳。

5）人的活动结果。人在场地中都做了什么，活动的类型、方式、内容等需要结合人群的规模、组织状态、活动强度、参与程度等综合分析。例如老人喜欢在场地中做什么；小孩在场地中有哪些常见行为；来到场地当中哪些人喜欢主动参与、哪些人喜欢被动旁观。

以上五个因素需要综合起来才能把握人群行为需求的关键问题在什么地方，不同类型的人群、不同的场所环境特点、不同的时间节点、不同的行为需求倾向以及不同的活动内容，它们相互影响和连接，设计者要综合考虑这些要素对方案设计决策产生的影响，从而让环境设计更好地为人服务。

（2）关于人群行为需求要考虑的行为习性。这一点和"五W法"分析有密切的关联，在分析人群特点时尤其需要考虑人的行为习性，如人们喜欢抄近路，尤其在需要赶时间的时候，如上班上学的路上；依靠行为，咖啡厅里一个人喜欢坐在安静的角落而不是人流频繁的入口处；靠右侧通行；围观和搜寻新事物，这是在公共场所经常发生的行为，人们走出家门更多地是为了寻找新的事件来激发自己形成新的认知。当然，人的行为习性和所在的空间环境特点、自身群体差异、文化心理都有一定的关联性，这些也都需要考虑在内。

三、解决问题

环境设计所涉及的问题不仅复杂且环环相扣，涉及的专业知识面较广，自然、人文、社会、地理、文化都贯穿其中，加之时代的发展、价值观念的迭代、不同的生活需求、不同的经济技术支持等，针对同一场地问题的解决方案会有多种多样的倾向。

1. 完善场地功能

创造功能完善的空间为使用者提供安全、便利、高效、舒适的生活载体，是环境设计的重要原则。可以从三个方面着手来完善场地功能：①设计必须尽量满足使用者对环境的各种功能需求；②设计应当具有物化空间的认知功能，空间具备向使用者传递信息的精神功能；③设计应完善景观带给人的审美功能。

2. 多元化、综合性设计

环境设计越发呈现多样化的形式风格特征，这源自信息交流频繁便捷、人的价值观念迭代速度加快、经济物质条件日益充盈、社会文化多样化、人的需求呈现多元化。多样化的形式、风格背后使得环境设计要考虑的内容也更加多元化且综合性趋势增强。环境设计需要综合考虑多种因素，并需要促使它们之间要相互平衡，可以将一至两个因素作为方案的核心原则，见表4-2-1。

表4-2-1　　　　　　　　　环境设计体现出的多元化内涵及释义

特　性	含　义	特　性	含　义
社会性	大众共创共享	和谐性	整体协调有序
舒适性	环境压力小，身心轻松	多样性	功能形式灵活多样，丰富多彩
通达性	方便，既可望又可及	识别性	有个性特征，易于识别
安全性	无视线死角，夜间有照明	文化性	尊重历史，具有文化品位
愉悦性	有视觉趣味与人情味	生态性	尊重自然，保护生态

3. 挖掘文化内涵

在设计市场国际化的趋势下，文化的继承和文化间的吸收（兼容），不断丰富着环境设计，并推动环境设计文化的发展。环境设计经常通过隐喻与象征的手法来表达一定的文化内涵。

4. 生态设计

随着环保意识的增长，今天的环境问题更为突出，日益受到关注，环境设计与自然的关系更为密切，所以生态已然成为环境设计专业流行的话题。设计中尊重自然发展过程，倡导能源与物质的循环利用和场地的自我维持，重视环境中水、空气、土地、动植物等与人类密切关联因素的内在关系，注重设计中的规模、过程和秩序问题，设计师力图通过直觉和理性的方法作出适宜的设计决策。

设计者需要将发展可持续的处理技术、生态设计思想贯穿环境设计、建造和管理的始终。可以从以下几个方面进行设计思考：

(1) 尽可能使用再生原材料制成的材料。
(2) 尽可能将场地上的材料循环使用，最大限度地发挥材料的潜力。
(3) 减少施工中的废弃物，并且保留当地的文化特点。
(4) 充分利用场地上原有的建筑和设施，赋予新的使用功能。
(5) 高效率地用水，减少水资源消耗是生态原则的重要体现。
(6) 植物设计中以乡土植物为主，尊重场地上的自然再生植被。

目前，不仅大多数的室外环境关注生态设计，室内环境设计也开始从能源节约、呼吸建筑空间、绿色建筑、生态建筑方面展开大量的实践探索。

5. 公众满意度

公众满意度主要指要着重满足人对环境的需求，从而提升认同感，环境设计让人的生活环境具有舒适性、选择性、参与性、方便性、识别性（有层次感、标志物、指示信息、文化感、环境良好）。环境设计主要服务的是人，主要是以满足人们生活与工作需要为目的展开方案设计。

图4-2-4　水池边扶手及挡板的细节设计

6. 细节决定成败

好的设计仅有好的创意是不够的，还需要细节的深入，以此来提升设计的品质。一个好的设计作品所呈现出来的许多优点往往来自细节的处理。

例如某项目中，水池水景是主要的景观，300mm以内的水池是没有护栏的，也是一种戏水池的设计方式，鼓励小孩子参与到其中。有一些地方的池底深度还是超过了安全高度，那势必就需要设计护栏来进行一定程度的安全防范。轻盈的铁片护栏围绕着池壁，立杆的朝向问题在每个转角都细心设计了。甚至为了防范排水的污水进入到主景观水池中，局部边缘用了钢板进行围合（图4-2-4）。

1. 设计之初通过哪几个方面发现场地存在的问题？
2. 环境设计过程中通常考虑哪些问题？
3. 环境设计从哪些方面提升设计质量？

第五章 建筑与景观设计

第一节 建筑设计方法

一、建筑设计的基本原理

建筑设计,指的是建筑设计师在对人类社会需求进行深入分析的基础上,以其丰富的想象力和创造力,基于对现有的社会资源、自然资源等的充分运用而构造出一种建筑结构形式,对建筑的实体施工有着指导性意义的实践活动。

建筑发展的原始特征主要分为以下三点:

(1) 建筑的使用功能。
(2) 建筑外形审美。
(3) 达成以上两点的技术手段。

建筑的根本目的是为人类提供不同场合不同类型的空间环境。人们不仅希望建筑能够有实用价值,也希望能够在审美上符合自己的要求。建筑与艺术有一定的联系,但建筑不是纯粹的艺术,它还注重实用功能因素,是美观与实用功能的组合。因此建筑的发展不仅受到艺术发展的影响,也受到科学技术、经济、政治等各种社会因素的影响。

设计是一个不断提升和解决问题的过程。建筑设计就是完善功能与形式的和谐统一的思维过程。功能体现在其内容的安排上,形式由空间组合和形态排列构成。因此,根据建筑不同的使用方式,形成了不同的空间构成方式及形状排列方式。建筑设计就是对人的思想、建筑的功能、建筑形式三者之间和谐统一关系的设计。

二、建筑设计的特征

1. 创造性

建筑设计是一种以技术为支撑的创意活动。建筑具有实用功能,需要通过一定的技术手段来实现,同时,它也是人们日常生活中大量的视觉艺术形式的一种。作为设计活动的一种,建筑设计源于生活,创造性是建筑设计活动的主要特点,艺术和审美的表达无疑是其核心内容,甚至可以说在某种程度上超越了功能和技术的控制。

2. 综合性

建筑设计是一门综合性学科。建筑设计活动涉及多学科的知识内容，是多学科知识的综合运用。建筑设计师既要具有美学、艺术、文化、哲学、心理等人文修养，同时也要掌握建筑材料与构造、建筑经济、建筑设备、建筑物理等技术知识，了解行业法规，同时应具有一定的统筹能力，能组织与协调各专业人员高效工作。建筑设计师不仅是建筑作品的主要创作者，也是建筑设计活动的组织者和协调者。

3. 社会性

建筑设计是追求协调与平衡的社会性活动。建筑设计师的创作活动不能脱离自身的生活背景、价值取向、审美喜好、思想意识等因素的影响，同时，业主的个性爱好也会影响建筑设计活动。因此，建筑设计活动是社会性的活动，建筑设计师必须平衡和协调各方面矛盾，寻求社会效益、经济效益、环境效益、个性创造的平衡点，尽力满足多元化社会的多种需求，尊重文化、尊重环境、关怀人性。

4. 协作性

建筑设计是典型的团队协作活动。当代城市建筑建设规模越来越大，综合性增强，功能日益复合多元。随着当代科学技术的迅速发展，分工细化，建筑设计日益成为一种典型的团队协作活动，建筑设计师在建筑设计活动中必须依靠与其他专业工程师的密切配合才能顺利地完成设计工作。

三、建筑设计的理念

1. 理念先进性

建筑设计应以节能环保为前提，设计之前必须对生态环境进行考量与分析，坚持环保理念，这样的设计才能够与周围的环境整体和谐地共存。在设计方面，现代建筑依据科学理论为基石，将节能理念融入建筑设计体系。这样既可以保障建筑的科学性和整体性，又可以减少对生态环境的威胁。因此在设计工序完成之后，应尽量选择可再生资源，并以绿色建筑理念作为出发点，科学设计建筑结构。

2. 结构合理性

现代新型建筑注重科学性，因此在设计建筑结构之前，需要进行科学合理的计算，依据计算结果展开结构设计，从而保障结构的合理性。结构材料应选用新型材料，这既是响应低碳节能理念的具体表现，也是绿色建筑理念的具体要求。对于建筑结构的选择，最好选用框架式建筑结构，以利于提高建筑物的抗震性能和强度。新型建筑结构的使用不仅对减少建筑本身起到重要作用，而且可以提高建筑使用面积和结构的科学合理性。

3. 功能齐全性

现代建筑可以满足多种使用需求，功能齐全。传统建筑功能不够多样化，且设计方法较为落后。因此想要建造新型建筑，则需要使用新型材料和新技术，更新设计方法，合理处理建筑内部空间，进而来实现现代建筑功能的多样化。

4. 经济合理性

建筑设计最终要从图纸上落地，变成真正的实体。其落地建设的过程中，经济合理性是十分重要的一环。因此要想获得经济效益的最大化，就必须在设计过程中做好图纸工作和造价控制。在展开图纸设计、制定造价成本之前，首要考虑因素是工程设计的可行性。

四、建筑设计的原则

1. 整体性原则

赖特的"有机建筑"理论认为"只有当一切都是局部对整体如同整体对局部一样时，我们才可以说有机体是一个活的东西,这种在任何动植物中可以发现的关系是有机生命的根本……我在这里提出所谓的有机建筑就是人类精神活动的表现、活的建筑,这样的建筑当然而且必须是人类社会生活的真实写照,这种活的建筑是现代新的整体"。通过这种"活"的概念建筑师能够挣脱原有的形式的制约,根据使用者的不同、地貌特点的不同、气候条件的不同、文化背景的不同、技术条件的不同和材料特征的不同来采用不同的对应策略。

整体设计的原则是将建筑作为一个整体,结合所有内部构件,全面研究其功能、组成及其运行和发展规律,揭示系统的特点和运动规律。实现整体与部分的相互依赖、相互融合与相互制约。在建筑设计中,设计师必须对建筑的功能、结构、环境、造型元素以及建筑整体的各个方面进行综合分析和研究。在整体的基础上,对各个要素进行具体的分析。对各个要素分析的结果应该反映在总体分析中,并对整体进行重新分析、修改和巩固,使部分和整体高度统一。

2. 系统性原则

建筑作为由环境构成的系统,具有系统的功能和特点。系统的组成需要各种相关要素之间的相互耦合和相互作用,以实现其高效、可持续和最优的实施和运行。例如,系统中的高层系统由低层系统构成,建筑设计中,就是个体与群体具有构成关系,房间的使用与功能区域具有构成关系,基础与环境具有构成关系。因此,有效实施功能分区,正确确定各部分之间的关系,合理组织各种流线和空间序列,是建筑设计中非常重要的环节。

在建筑形态中又将建筑的研究分为形态与结构两个方面。也就是说,结构是形式的内涵,而形式是结构的表达和具体表现。从结构主义角度看,建筑形式是由各种相关要素按照一定的相互关系形成的结构体系。在这个系统中,形式要素本身并不包含独立的意义,而只反映在结构关系中,而且这种关系比结构中的独立成分更重要。由此可见,建筑形态形成的决定性因素是结构逻辑的科学与否。

3. 适应性原则

一方面,建筑设计应紧密结合本地区的地理气候条件、资源条件、经济条件和人文特征,制定适合本地区的建筑评价标准、设计标准和技术指导方针、选择匹配对策、方法和技术;另一方面,为了在设计中能够为后续技术系统的升级换代以及新设施的增添应用保留操作和载体,并且能保证新系统与原有设施的协调运作,则必须在建筑设计中充分考虑各个相关方法和技术更新、可持续发展的可能性,并使用弹性的、对未来发展变化有动态适应性的方法。自然和建筑之间不可忽视的对抗性一直激励着人们去探索建筑层面上借鉴生物适应性的研究,比如人类设计的优秀工程结构在自然界也可以找到原型,生物体的组织机构与建筑的结构(指由局部构成整体的组织关系)在某种意义上反映着相同的受力原理,并具有灵活性和适应性。快速设计要求建筑设计应适应建筑本身和建筑环境的所有相互联系的方面,同时考虑建筑的内部和外部联系、发展趋势、变化方向、速度和移动方式,以及分析其发展的动力和规律,使建筑设计具有较强的适应性,以满足当下需要,并且考虑到未来发展的需要。

4. 生态性原则

生态性原理强调在建筑物周边环境的设计、施工和使用中要重视对原有生态系统的保护,以减少和消除对绝对生态系统的干扰和破坏,最大限度地发挥其连续性。在因建设造成生态破坏的情况下,应采取生态补偿措施。在单个建筑物的整个生命周期中,应提高资源和能源的利用率,这样可以减少土地、水和不可再生资源和能源的损失,减少污染和垃圾的排放,减少对环境的干扰。例如,选择当地资源材料、更耐用的材料、可再利用或可再生材料、高效的建筑设备和部件等。如今越来越多的设计师群体将生态设计思想与新技术以及工艺相整合,打造出全新的建筑形象,如在材料使用上依然保持着传统的有机原则——对材料本性的忠诚,又使用新材料来进行形态的组合创新,这也是建筑与设计发展的新方向之一。

5. 艺术性原则

一件优秀的建筑不单纯只是一部理性的机器，它在具备使用功能的同时，还展示了如诗一般优美的外在形象。从审美的角度讲建筑形式美的规律具有普遍性的法则，如对比、韵律、比例、尺度、均衡等，既有变化，又有秩序；从人性的角度讲建筑是沉积历史或体现时代的一种表达，同时它又蕴涵着情感、观念、想象、意味等精神因素。一方面人们通过视觉、听觉、触觉和思维能力认识建筑，另一方面人们又通过社会的伦理观念、宗教态度、心理气质和艺术趣味等总体的背景环境来理解和欣赏建筑。

6. 动态性原则

动态性原则是考察系统的内外部关系、系统发展和变化的方向、趋势以及速度和模式，探索系统发展的动力、应用和规律，对建筑设计来说要以当下为立足点，并兼顾未来，始终把握时代的发展趋势。现代建筑的内涵和外延在不同时期有很大的不同。现代建筑具有动态发展的特点。因此，在现代建筑设计过程中，我们应该认识到设计是一项动态的、连续的、不断变化的工作。因此，在现代建筑设计过程中，应积极有效地与建筑领域、周边社会环境和市场环境相互作用，调整现代建筑设计的要点，以完成修改。现代建筑设计要适应社会文化发展的要求，增强现代建筑的动态性。

五、建筑设计的要素

1. 建筑功能

建筑的第一要素是功能。建筑功能就是人们使用需求和建造建筑的目的的综合表现，人们为了满足生存、生产需要，也为了满足生活在社会环境中其他因素的要求而建造起了房屋。每栋建筑都有它自身的使用功能，但不同的建筑有不同的功能，因此产生了各种不同的建筑。例如，工厂是为了满足工业生产的需要，住房是为了满足人们基本生活的需要，娱乐是为了丰富人们的精神需要。建筑功能在建筑设计中起着主导的作用，直接作用于建筑的结构、平面布局、建筑体积以及建筑的外在形象。建筑功能也不是一成不变的，它将随着社会的发展和人们物质文化水平的不断提高而变化。

以功能为中心所设计的现代建筑，用以明确在人们建造现代建筑的主要目的，此外通过材料的选取、结构的处理以及功能的搭配等建造措施以达到现代建筑功能性这一目标是现代建筑设计中最为根本的要素之一。

2. 建筑技术

建筑技术不仅仅是建筑施工的基本手段也是实现现代建筑设计的重要基础。关于建筑的技术手段方面，主要包括材料技术手段、工程构造技术手段、结构技术手段、施工技术手段等重要的几项技术手段。在建筑设计中，建筑技术的作用与意义较大，能够为现代建筑设计提供充足的技术保障。只有通过建筑技术，建筑细部的设计才得以实现，以充分发挥现代建筑设计的优势和作用，在现代建筑施工中，建筑技术是保证现代建筑设计质量和功能的基础。

新型材料的不断出现，为建造出各种不同样式的建筑提供了物质保障；随着建筑结构计算理论的发展和计算机辅助设计的应用，建筑设计技术不断发展和创新，保证了建筑的安全。各种高性能的建筑设备和新的建筑技术为建筑施工提供了手段。建筑设备的发展为建筑满足各种使用要求创造了条件。随着建筑技术的不断进步、高科技材料的不断创新和结构设计理论的成熟，一系列的条件有效地促进了建筑向大空间、大尺度、新型的结构形式方向发展。

3. 建筑形象

建筑形象是建筑室内外感知的具体体现，它必须符合美学的一般规律，美丽的艺术形象给人们精神上的享受。建筑形象包括建筑形式、空间、线条、色彩、肌理、细部处理和描述等。由于时代、民族、地域、文化、风俗习惯的不同，人们对建筑形象的认识也不同，出现了各种各样的建筑风格和特征。一些独特的建筑有固定的风格，如执法机构所在的建筑庄严雄伟、学校建筑多是朴素大方、居住建筑要求简洁明快、娱乐性建筑生动活泼等。因为永久性建筑的使用时限较长，也是城市景观的重要组成部分，所以成功的建筑应该反映时代的特征、反映民族特点、表现当地特色，有一定的文化底蕴，并且能够和当地建筑、环境相融合。

现代建筑设计以追求艺术形象为重要目的，艺术形象也被认为是建筑设计的重要内容之一。合格的建筑设计通过调整细节和总体构成比例，能够反映现代建筑的文化内涵、文化底蕴和艺术形象。

4. 建筑的经济性

经济性作为现代设计过程中需要首要考虑的问题，目的是通过对材料、人工、机械在现代设计中应用的控制以实现建筑经济性这一原则，在这一基础之上通过平面的布局设置、立面形式的选取等几个不同的步骤、手段以达到现代建筑设计的经济性和施工的经济性这一目的，并通过以上步骤、手段达到维护建设单位和施工单位利益的目的。

一般而言，建筑建造过程中，资金问题尤为突出，也是阻碍现代建筑发展的重要因素。所以为了进一步提升现代建筑的经济效益，则需要在设计之初制定造价方案，包含材料、设备、结构形式的科学合理选择。这样既可以起到降低造价成本、提高建筑结构完整性的作用，又可以提高建筑物的整体质量和设计水平。

1. 建筑设计的基本原理有哪些方面？
2. 简述建筑设计的特征。
3. 建筑设计包括哪些要素？
4. 建筑设计的原则有哪些方面？

第二节　建筑外环境景观设计

一、建筑外环境的定义

建筑外环境指建筑周围或建筑与建筑之间的环境，是以建筑构筑空间的方式从人的周围环境中进一步界定而形成的特定环境，与建筑室内环境同是人类最基本的生存活动环境。

建筑外环境的范畴主要局限于与人类生活关系最密切的聚落环境之中，包含了物理性、地理性、心理性和行为性各个层面。

二、建筑外环境的特征

1. 形成特征

建筑外环境主要由自然、经济、文化、生活要素组成，其形成包含了长期性、复杂性和不确定性。一些规模较大的建筑外环境从开始到基本成形要花费几年甚至几十年的时间。对其各要素关系的处理具有复杂性和不确定性，应统筹、合理规划，使其共同构建和谐环境。

2. 功能特征

建筑外部环境作为人类基本的生存空间，具有不可替代的作用。首先，它是连接各个独立建筑的过渡空间，建筑的外部环境为人们往返于不同的室内环境提供了必要的物质条件；其次，建筑的外部环境也为人们的户外活动提供了场所和服务。如广场、绿地、庭院、露天场地等可供人们进行各种活动；此外，室外环境也具有重要的景观特色。良好的户外环境可以给人愉快的感觉。

3. 性格特征

建筑外部环境的特征是指人们通过不同环境要素的布局和布置，产生不同的情感和心理反应，从而加深对环境的认识，产生相容的行为。不同的环境需要不同的性格，而具有适当性格的外部环境能够很好地实现环境的功能。因此，环境的特征应该具有与其功能相对应的特征。

4. 文化特征

建筑的外部环境反映了一个国家和一个时代的技术和艺术，是居民生活方式、思想和价值观的真实写照。这种对文化地域性、时代性和综合性的反思，是任何其他环境或个人事物都无法比拟的。这是因为建筑外部环境包含了很多反映人类文化的要素，并且每时每刻都添加新的内容。群体建筑的外部环境往往是一个城市、一个地区，甚至一个国家或民族文化的象征。

三、建筑外部空间环境的构成要素

1. 围护面

围护面作为建筑外部空间的构成要素，包括建筑外墙、栏杆、墙体、围墙、篱笆、灌木丛等。在创造外部环境空间中发挥着重要作用，使空间环境成为具有鲜明个性和特殊氛围的场所元素。

根据高度和体量的不同，围护面会有不同的效果，带给人们不同的空间感受。比如，高大的古城墙不仅可以起到军事防御的作用，还可以给人一种高耸、封闭、威严的感觉，创造心理安全感和敬畏感。

2. 场地

场地有广义和狭义之分。广义的场地为全部建设用地；狭义的场地单指室外场地。为建筑物、构筑物之外的空地、广场、停车场，室外活动场地等。建筑外环境中的场地，指狭义上的场地，是建筑外部空间中所有"面"的总称，是人们聚集和停留的户外活动场所。每个人的户外活动都需要一个相应的活动场所来适应它。

3. 道路

道路以"连通性"为特征，将一个地方与其他地方或空间进行线性连接，使人们可以便捷地到达另一个地方。城市道路分为快车道、主干道、次干道和支路，它们在城市交通和人们的生活中发挥着不同的作用。在外部环境中，道路往往表现为划分空间的边界。道路有直线型和曲线型，直线型的道路可便于人们快速到达目的地。在休闲、多场景的环境中，为了给人们带来从一个场景到另一个场景的移动感，道路经常设计成与周围环境和人们的心理相对应的曲线。

4. 水体

近年来，人们逐渐认识到自然元素在城市中的价值。因此，他们寻求城市与自然生态环境、人造景观与自然景观的整合与呼应，这些景观与人和社会的关系更加密切，他们强调"以人为本"，注重自然因素在人与自然和谐共处的环境设计中的运用。人类具有亲水性的心理需求。在许多外部空间设计中，"水"被设计为重要的景观元素之一。外部环境中的水体分为自然水体和人工水体。场地中的自然水体应加以保护并合理利用。人造水景的设计可以给环境增添很多色彩，如喷泉、叠水和游泳池等水景。

5. 绿化

绿化是城市景观的重要组成部分。外部环境的绿化，有的是稍加人工修剪而形成的，有的是完全人工配置的，有的是自然形态的，有的是几何形态的。绿化主要包括草坪、灌木、乔木。这些绿色的元素在环境方面起到了积极的作用，点缀和丰富了人们的生活。

6. 建筑小品与设施

建筑外部环境中的小品设施通常规模较小，但作为外部环境不可缺少的组成部分，具有组织空间、美化环境、促进生活的功能。例如，广告牌、电话亭以及各种信号源具有传递信息、提供指导和介绍的功能。座椅为人们提供了休息的便利。雕塑和各种艺术素描是建筑外部环境中的主要艺术景观设施，增加了场所的文化氛围和时代风格。照明设施满足了人们在缺乏自然光时对环境照明的要求。

四、建筑外环境的设施与设计

环境设施作为构成城市整体环境的要素之一，并不是城市空间的决定性要素，但在公共空间的实际使用中给人们带来的便利和舒适是不可忽视的。环境设施作为一种设置在城市公共空间供人们使用的服务设施，其设计和建设直接决定了城市的宜居性。此外，造型优美、色彩雅致的环境设施经常成为公共空间的视觉中心，起到装饰的作用，给沉闷的城市环境增添一些美感。建筑室外环境设施主要包括以下几个方面。

1. 信息交流类设施

现代快节奏的生活促使人们追求效率，希望在最短的时间内达到最大的行为效益，即花费最少的时间和精力来完成一项行为活动。当人们处于一个相对陌生的环境时，清晰明确的信息标识可以帮助人们快速地到达目的地，因此在建筑外环境设计中，能够准确和明确地指导人们行为的信息设施是必不可少的。信息设施作为联系人的行为活动与地方环境的纽带和桥梁，作为信息传递的重要媒介，已成为衡量一个城市文明水平和软环境发展程度的重要标志。

（1）环境标识。环境标识作为"传递信息、了解环境和行为的手段"，是城市环境信息的重要媒介，给人们的行为和活动带来极大的方便和舒适。随着经济的发展和生活节奏的加快，环境标识作为城市环境设施不可缺少部分的重要性日益突出。

公共空间环境标识的种类繁多，风格各异。根据所传达的信息功能，大致可分为七类：位置标识、引导标识、导游标识、识别标识、信息标识、管制标识以及装饰标识。

完整的环境标识包括版式设计、造型设计和位置设置三个要素，这三个要素相辅相成，不可分割。

1）版式设计。由于环境标识是信息传递的媒介，因此，通过合理的版式设计，有效地传递信息是环境识别设计的首要工作。环境标识的版式设计包括八个方面：信息内容、文字、图表、图形、符号、色彩、排版和表达方法。其中，信息内容是标志中最重要的部分。对于一个环境标识，不管这个设计多么新颖，版式多么漂亮，如果传达的信息不准确，那么这个标识就没有意义了。因此，在环境标识的设计过程中，首先要明确标识所传达的内容和合理的视距，然后再明确标识文本的字体、大小和图形。随着当代城市国际化程度的不断提高，环境标识的设计也应考虑内容的普遍性和国际性。字符识别通常受区域、国家或距离的限制，而且识别性较差。作为一种跨越不同语言和文化的简明文字代码，图形或符号不仅适用于各种公共环境，而且适用于视觉距离过长而不能区分文字的场合。此外，在整合文本、图形和符号等布局设计元素时，还应充分考虑这些字母代码的认知性和可读性（图5-2-1）。

2）造型设计。环境标识的造型设计没有统一的规定。可根据标识的工作原理和规格，结合设定场地或环境的条件进行设计。虽然没有统一的标准，但是有一套惯例。例如，圆形标志意味着警告和禁止某些行为。三角符号是指限制或限制某些行为的执行。正方形或矩形表示传递信息，以说明、指示或告示。

3）位置设置。作为一个现代城市的形象，环境标识几乎遍布城市的各个公共空间和活动场所。由于环境标识是为人们设置和服务的，所以在设置环境标识时必须考虑到人们使用环境标识的便利

图 5-2-1 通用型标识符号

性。根据位置不同，环境标识的设置位置可分为四种类型，即悬吊型、突出型、墙挂型和自立型（图 5-2-2）。

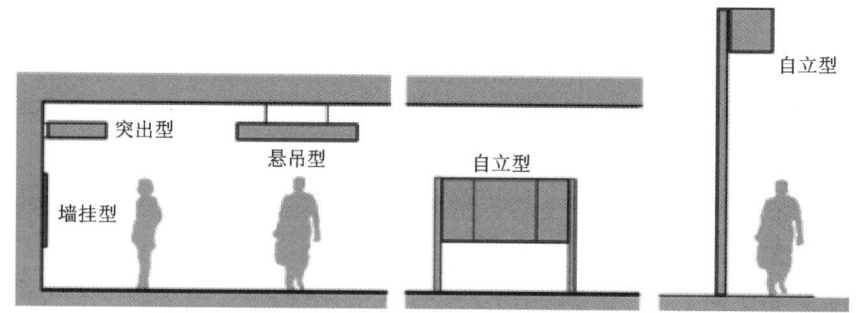

图 5-2-2 环境标识的设置方式

（2）广告招牌。广告招牌是人们获取各种生活信息和商品资料的有关设施，尤其是在商业领域，从古代开始就将其作为向外部传达经营内容等信息的手段。杜牧在《江南春》的诗句"千里莺红绿映堤，水村山郭酒旗风"中就写明了酒肆用招幌来告知顾客店铺经营内容的事例；张择端在《清明上河图》中描绘了多处招牌和幌子。现代城市在促销商品的同时，广告符号也成为城市要素的重要组成部分，肩负着塑造城市形象、提高城市声誉的重任。城市经济越发达，文明程度越高，广告牌就越多，风格也越新颖。从这个角度来看，公共环境中的广告牌和招牌的设计、内容、实施和设置也在一定程度上反映了城市乃至整个地区的社会经济、文化和美学发展。与标准化、统一的环境标识不同，广告标志的形式和内容在统一性和普遍性方面没有严格的要求，它们的风格和形状可以根据不同的载体自由变化，其表现形式可以是文本字符或抽象或形象的图形符号，只要行人可以理解其内容。因此，城市广告招牌的形式和色彩总是各式各样。公共空间中的商业广告根据广告和招牌所要显示的内容、设置地点和媒体材料大致有以下三种分类方法：

1）就表现内容而言，可以分为：①指示类广告，如店牌、招牌以及幌子等；②展示类广告，如产品简介、展示橱窗等；③宣传广告，如招贴、海报等。

2）就设置场所而言，可以分为：①户外广告，包括店面广告、悬吊广告、墙面广告、自立型广告等；②室内广告，包括悬挂广告（垂幔、旗帜广告）、立地广告（可移动广告）、坐地广告（固定广告）等。

3）就媒介载体而言，可以分为：①电子广告，包括 LED 屏显广告、霓虹灯广告、旋转广告等；②交通工具广告，包括车体广告、机体广告、气球广告以及飞艇广告等。

公共环境中的广告符号作为商品促销和产品促销的一种形式，旨在吸引消费者的注意力，激发他们的购买欲望。同时，作为环境设施的广告标志，不仅要注重促销，还要考虑与环境的融合。目前，许多户外广告都是由利益驱动的，宣传的作用也无限扩大。为了实现这一目标，招牌被设计成豪华和令人兴奋的，而不考虑规模或与周围环境的关系。这种适得其反的方法不仅不能取得显著的效果，还削弱了它们存在的价值。对于那些不直接使用这些设施的人来说，各种不同大小、形状、颜色和刺眼的光线的广告标志已成为城市景观的视觉污染源。因此，设计者在设计广告设施时，必须综合考虑广告的内容、形式、色彩、载体（建筑）等要素。

2. 公共卫生类设施

随着生活水平的不断提高，人们越来越关注居住环境的质量。清洁、整洁、宜居是人们对自身环境的基本要求。卫生设施的建立不仅能够满足人们的基本生理需求，而且在引导和调节人们的行为和习惯方面发挥着积极的作用。公共环境中有多种卫生设施，如垃圾箱、饮用水容器、洗手装置和公共厕所。卫生设施体系作为服务于公众的公共设施，其设置需要满足规模合理、布局合理、使用方便、管理完善等要求。

（1）垃圾箱。垃圾箱作为城市公共环境设施体系的重要组成部分，虽然体积小，但却是构建和谐、健康、宜居环境的重要因素。在设计垃圾箱时，首先应从规划、设计、使用、维护管理等方面综合考虑，力求使垃圾箱具有活力性、感觉性、适合性、接近性以及管理性。其设计首先应考虑方便后续的垃圾处理和清洁；其次，尽量使用固体、耐腐蚀、无污染的材料，以最大限度地利用周期；最后，应该考虑回收箱的可能性。垃圾箱是公共消费品，由于使用频繁，自然老化，使用周期过后，垃圾箱中所用的材料应充分考虑具有再生和循环利用的能力。

（2）公共厕所。位于城市公园、广场、步行街、商业街、风景区和交通枢纽的公共厕所有固定式和移动式两种形式。固定式的公共厕所是用水泥或金属等建筑材料固定在地面上的，不能移动，它可以同时容纳很多人。移动式的公共厕所一般由树脂、玻璃纤维增强塑料、彩色钢或塑料制成，重量轻，移动方便，男女不分，但这种公共厕所不能同时容纳很多人使用。无论是固定式还是移动式厕所，其形状都不必相同，但设计时应结合艺术的思想。

在设计时，公共厕所一般要注意以下两个方面的问题：

1）公共厕所的设计要注重实用、卫生、经济、方便等，在造型上力求与所处环境融合，并结合休息座椅、花坛、盥洗处等设施进行设置。

2）公共厕所的建设数量要依据设置场所的人流活动频率以及人员密集程度来确定。一般街道公共厕所的设置距离为 700~1000m；商业街和居住区公共厕所的距离为 300~500m；流动人口高度密集的场所如交通枢纽，公共厕所的设置距离应控制在 300m 之内。通过距离的限制，在繁华地段使每 500 人拥有一座公共厕所，非繁华地段每 800~1000 人拥有一座公共厕所，从而保证公共厕所的服务半径达到 250~400m 的最佳距离。另外，男女蹲位的数量应与该场所的人流分布密度相适应。我国颁布的《公园建设导则》中规定：面积大于 $10hm^2$ 的公园应按游人容量的 2% 设置厕所蹲位（包括小便斗位数），小于 $10hm^2$ 的按照游人容量的 1.5% 设置。因男女生理结构的不同，女性蹲位和男性蹲位的比例大约为 1∶1~1.5∶1，但最佳数量应是女性蹲位为男性蹲位（包括小便斗）的 1.5~2 倍。另外，每处公共厕所必须要有一间，或一至两个蹲位做无障碍设计处理，以方便老年人或残疾人使用。如果场地条件允许，在妇婴群体活动较多的场所附近，公共厕所内还应设置方便放置婴儿车或是给婴幼儿更换尿裤的设施。

3. 休闲娱乐类设施

城市公共空间中的休闲娱乐设施是人们日常交往、聊天、读书、休息、游戏和观赏风景时必不可少的服务性设施。休闲娱乐设施是否完备,体现了一座城市对市民室外活动与心理和生理需求的关怀程度,是评判城市建设是否具有人性化和城市生活是否具备活力化的重要标准。城市公共空间中的休闲娱乐设施主要涵盖两大类,即室外座椅、游乐与健身设施。

(1) 室外座椅。公共环境中的座椅如同室内的座椅一样,是人们在日常生活中使用最为频繁的设施之一。通常造型优美、色彩温雅且放置适宜的座椅往往会成为公共空间的活动中心,吸引公众前往聊天、休闲、阅读、逗留或是聚会。而且,在公共环境中,座椅的数量越多,则场所的公共性越强。座椅作为公众观赏、休憩、谈话和思考等行为的承载体,为了使其能为人们提供更为舒适、惬意的服务,它的设计须从满足人的生理、心理等方面需求出发,综合考虑其设置、尺度以及材质等多种因素。

1) 设置。室外座椅作为为公众服务的公共性设施,它的服务对象复杂且广泛。在位置的布局上要从大众的心理需求出发,进行精心规划、合理布局。在日常生活中,人们在选择公共空间的座椅时通常会受到"边角心理"的影响,喜欢选择靠墙或视野开阔的广场边缘的座位就座,尤其是靠近墙垣、绿化以及位于公共环境凹处、转角处地方的座椅,因能提供亲切、安全和良好的微环境而备受公众的青睐。而置于开敞空间中央地方的座位由于过于暴露往往被人们冷落。公共空间中的座椅除要考虑放置的地点之外,还要考虑座椅的朝向以及人们的视野。当人们选择在公共空间中驻足休憩时,总希望马上能领略到该场所的各种优越条件,如特殊的地势、空间、气候以及景观等方面。因此有机会观看各种活动是公众选择座位的一个关键因素,能欣赏周围人群活动或优美风光的座椅往往要比无法看到旁边景致的座椅在使用频率上要高得多。建筑师约翰·莱利曾对丹麦首都哥本哈根铁凤里游乐场的公共设施使用率做过专项调查。调查表明,沿游乐场主要街道布置的座椅由于可以看到游乐场里的各种表演活动,其使用率最高,反之,背向游乐场的座椅使用率却很低。同时,阳光和风向也是座椅位置选择的重要因素。光线充足、避风良好且不受外界干扰的座椅通常成为公众进行交往活动的首选。

座椅位置的布局对人们的交往行为会产生重要的影响,为了促进人们的交往,在公共空间的座椅规划时,设计师应尽量使座椅的布局及其形态具有更多的灵活性,而不仅仅是简单地背靠背、面对面布置。座椅的造型也不仅限于正方形和长方形。如成角布局(以90°或120°为宜)、半围合布局或采用圆形、半圆形造型的椅子通常有助于交往或观景等行为的进行。当座椅成角度布局或采用半圆形时,如果两个人彼此之间都有交流的意愿,攀谈就会容易些,如果不愿交谈,也可以各自观赏自己感兴趣的景致,无需尴尬。任何室外座椅都是放置在一定功能空间之中的,空间功能的定位不同,座椅的布置也应因地而异。例如在休憩空间中,观赏是随机性最强的内容,无论是公共性场所还是私密性场所,都需要为观赏提供条件。座椅布置宜数量众多、布局集中、形态多样,并与树木、花坛、候车亭、垃圾箱、饮水设施以及公共厕所相结合,或设置在这些设施的周边。交流场所需要一定的私密性,座椅的安排应该远离步行道或其他活动空间,座位以2~3人为宜,且适于独立分散设置。用于思考或读书的公共空间,由于需要更安静的环境,为避免相互干扰座椅形式宜采用半封闭或半围合式布局,座位以适于1~2人为宜,座椅的形态以小巧、简单为佳。

2) 尺度。室外座椅作为支撑人体重量的一种公共设施,与人的身体接触最为频繁,所以座椅的设计必须以人体为依据,使其高度与宽度符合人的基本生理尺度,以便提高人们在使用时的舒适度。一般情况下,室外座椅的设计以人的下肢高度为参照,以等于或小于人的下肢平均长度,即在400~420mm之间最为合适,最高不要超过450mm。为使座椅能给公众以舒适和安全的享受,室外座椅必须具备五个方面的功能,即对骨盆的支撑、水平座面、支撑身体后仰的靠背、支持大腿的曲面、光滑的前沿周边。座面的设计要符合人的座深和座宽尺度,单人座椅的座深一般为430~

520mm，座宽 420~460mm 为宜。处于休憩类公共座椅的座面，宜以座位基准点为水平线使座面向上倾斜，一般座椅上倾角为 3°~5°，沙发类为 6°~13°，躺椅类为 14°~23°。靠背与座面的角度一般为 90°~100°，休憩类座椅一般为 100°~110°为宜。为防止公共座椅的椅面前段压迫膝部内侧，座面前缘应有 25~50mm 的圆倒角，才能避免大腿肌肉受到压迫。较为舒适的休憩类座椅整个靠背的高度可以比座面高出 530~710mm，高度在 330mm 以内的靠背可以让肩部自由活动。公共空间中的座椅有些设置了扶手。扶手的作用可以用于划分空间，也可以用来支撑手臂的重量。作为起坐的支撑点，从这一点来看，带扶手的座椅尤其适合老年人使用。舒适的休憩类座椅的扶手长度可与座面相同，甚至略长一些。扶手最小长度应为 300mm，扶手的宽度一般为 65~90mm，扶手之间的宽度为 520~560mm。扶手的高度一般为 180~250mm，边缘应光洁柔和，有良好的触感。

3）材质。公共环境中座椅的材质多种多样，千姿百态。一般而言，室外座椅常用的材质有木质、石质、塑料以及金属等。不同的材质所适应的场所环境以及所传达的情感也不一样。

室外座椅的布置在设计时除考虑上述因素外，还要注意以下几点：

● 沿街设置的座椅不能影响正常的交通，尤其是不能阻碍人行道的正常通行。座椅需要与人行道上主要的人流路线保持足够的距离，以便给行人留下足够的行走空间。

● 在有残疾人和行动不便的老人经常出现的场所，诸如公园、广场等区域，座椅两侧及前方应给轮椅预留足够的空间，这样，不仅为坐在轮椅上的人与坐在公共座椅上的人轻松交流提供了可能性，也为老年人在胸前或座椅侧面放置拐杖提供了便利。

● 公共环境中座椅数量的设置要有科学依据，不能随意布置。一般的，公园、广场、步行街、街头绿地和交通枢纽中的公共座椅数量应按游人容量的 20%~30%设置，但平均每公顷陆地面积上的座位数最低不得低于 20 个，最高不得高于 150 个，以免因数量设置不合理而造成不足或浪费。

● 在人流量较大，只能供人短暂休憩的公共场合还应考虑座椅布置的利用率。依据人在环境中的行为心理，通常会出现适合五六人坐的座椅仅有两三人坐，或两人座椅只坐一人的情况。研究表明，长度约为 2000mm 的三人座长椅适应性是最高的，或在较长的椅子上用扶手或材质适当画线分格，也可以起到提高座椅利用率的作用。

（2）游乐与健身设施。公共空间中的游乐与健身设施不仅能够满足人们游玩、休闲之需，同时还可以强健人的心智与体能，提高人们的生活品质。因此，游乐与健身器材已成为公园、广场以及社区必不可少的环境设施。

1）游乐设施。游乐设施是供少年儿童嬉戏、玩耍的健身、游戏设备，它的设计需要依据不同年龄段儿童的生理尺度和心理活动特点展开，既要满足不同年龄群体儿童的活动要求，也要避免其他年龄段少年儿童因使用不当而使设备损坏或造成安全隐患。按照少年儿童的活动特征和活动需求，常见的游乐设施大致可分为攀爬类、滑行类和摇荡类。

游乐设施不同于其他公共设施，由于它的服务对象是儿童或青少年群体，所以在这类设施的设计上要遵循以下几点原则：

● 安全性原则。安全性是游乐设施的第一要务。设计时，务必坚持"坚而后论工拙"的建造理念。"坚"就是坚固、耐用，其实质就是追求安全。游乐设施的安全性原则体现在两个方面：一是结构的安全性，即游乐设施的结构、元件在连接时必须坚实，不可松动，且应避免构造上的硬棱角裸露在外；二是材质的安全性。供儿童使用的游乐设施务必采用无污染、无毒性、无辐射的环保材料，以免对儿童成长造成潜在威胁。

● 适宜性原则。游乐设施的服务主体是青少年和儿童，它的形态、结构以及色彩须适应这一群体的生理和心理需求。由于青少年及儿童好奇心强、探索欲旺盛，其游乐设施的嬉戏方式和色彩设计就需要从这一理论出发，开发出适宜这个年龄段群体的游戏空间、游戏形式以及绚丽多姿的造型和色彩。同时，游乐设施的尺度设计应参照儿童群体常用的人体尺寸、动作范围尺度以及身高、体重等相关数据,即设施物体应遵循人体工程学原理和科学的测量数据展开设计,包括儿童攀爬的高度、抬脚的高度以及手的握维等。

● 便利性原则。相关统计资料表明,儿童的活动场所半径是有一定范围界限的。3~6岁儿童的嬉戏和游乐场所至住宅的最大距离为一般80m,6~12岁儿童的游戏场所到住宅的最远距离通常为300m。由此可知,游乐设施应尽量结合社区绿地或小广场将设施设置在社区内部,且可以相互配合,取长补短,在邻近的社区内设置类型、内容以及造型各异的游乐设施和器械,以便于儿童到达并选择自己喜好的活动项目。

2)健身设施。健身设施指设置在社区、公园或广场中的体育健身器材,它不仅为居民强身健体提供便利的条件,同时也为居民休闲、游乐提供载体。随着人们健康意识的不断增强以及全民健身意识的觉醒,借助健身设施强健身体、提高身体素质已成为居民日常生活不可或缺的一部分。

健身设施依据不同的形态和功能大致可以分为五种,即伸展类,如有肋木架、压腿杠以及上肢牵引器等;扭腰类,如扭腰器、转盘;有氧类:如太空漫步机、仰卧起坐架、健骑机以及滑跑机等;力量类,如单杠、双杠等。健身设施虽然具有普适性,且使用简单,但它毕竟是器械,具有一定的危险性。因此,健身设施在符合人的基本尺度的前提下,还要从外形、结构、负荷力、稳定性、安全警示、设施安装以及场地要求等方面遵循下列原则,以确保使用的安全性。

安装健身设施的场地及周围环境应符合以下要求:①健身设施距公共空间中架空高低压电线的水平距离不小于3m;②健身设施距公共空间中地下管线边缘的水平距离应不小于2m,距各类办公、居住以及各类楼堂馆所等建筑的水平距离应不小于5m;③可供夜间使用设施的场所,在设施边缘2m的范围内,灯光照度应不小于15lx;④健身设施应远离易燃、易爆和有毒、有害的物品,场地建设应符合国家有关安全方面的规定。

健身设施的地面安装及其埋入地下的结构,应符合下列要求:①埋入地下的设施立柱,应可靠地固接横向支承或支承盘。②安装设施的土质,在距地表800mm深度以内应为紧固系数不小于0.7的Ⅱ类普硬土及其以上的非疏松性和非沙壤土类的地质结构;否则,应将该土质等效处理后方可安装健身设施。③健身设施立柱埋入地下的深度,当设施地面以上的高度为2m时,地下埋入部分应不小于0.5m;设施地面以上的高度为大于1m且不超过2m时,地下埋入部分应不小于0.4m,设施地面以上的高度为1m时,地下埋入部分应不小于0.3m。设施立柱底部以下应有不小于0.1m厚的混凝土支撑层。④健身设施安装各支承立柱混凝土地基坑的水平尺寸应不小于0.4m×0.4m,且不应将混凝土地基处置为上大下小的形状。⑤设施安装后,各支承立柱和主体应保证与安装地面垂直,垂直度公差应不大于1/100。⑥距健身设施地基外部边缘0.5m范围的地面应进行硬化处理,如混凝土硬化、夯实土质后的砖石铺砌等;设施地基及其周围的硬化表面不应高于安装器材周围的地面。⑦单杠、双杠、天梯、秋千等上下运动弹跳或可能从空中运动跌落的设施,其运动地面应为松软或富有弹性缓冲的地面,如沙土层、橡胶地板等。若为橡胶地板时,其地板的结构厚度应不小于0.25m;若为沙坑时,沙层厚度应不小于0.2m,且沙坑周边应有适当高度的凸台围护,凸台的棱边、尖角处应设置为半径不小于0.1m的圆角。此外,健身设施的设计与安装应确保稳固、可靠和垂直,不应有基础部件和支承部件的松动和晃动现象。

4. 商业服务类设施

商业服务类设施是设置在城市公共环境中为人们提供多种便利和专门服务的设施,如报刊亭、快餐亭、售票亭、百货亭以及各类存取设备等。商业服务类设施作为大型实体服务机构的微缩形式,因占地面积小、地点自由、便于移动、设置灵活、服务多样等特点方便了人们的生活。依据当代人在公共空间中的行为需求,商业服务类设施主要有以下几种:

(1)售卖设施。售卖设施主要指出售人们日常用品的售货亭或服务亭,主要经营范围包括书报、食品、饮料以及其他日用品。这类设施主要分为两种形式:一种是传统的、有服务人员提供服务的售卖设施，其形式主要是封闭或半封闭的建筑空间存在，面积最大不超过 10m²；另一种是没有服务人员提供服务的自动售卖机，也被称为一种临时性设施，其材质主要以金属、木材和玻璃等易于加工、移动、拆卸和组合的材料为主，通常被设立在交通枢纽、地铁站、学校、公园以及办公楼附近等人流量较大的城市公共空间中。近年来，很多售卖设施因空间形态新颖多变、色彩鲜艳，已成为一道亮丽的都市景观。

（2）自动存取款机。自动存取款机实质上就是一座移动式银行，它是城市公共空间中必备的服务设施，为人们日常的消费和理财提供了极其便利的服务。自动存取款机在公共空间中的设置位置有两种方式：一种是与银行类建筑相结合，位于银行建筑立面墙的外侧，这种设置方式在时间上带来了服务的便利性；另一种是设置在商业街、购物商城、机场、车站以及医院等消费场所，而这种设置方式在地点上为人们带来了服务的便利性。同时，自动取款机服务设施的配置需要围绕着配建项目、配建面积、服务半径三个方面来进行规划与控制，它们分别对应了商业服务设施的业态结构、规模结构、空间布局三个构成要素。

（3）快递投递箱。快递投递箱是互联网时代的产物。为解决"快递最后一公里的问题"，智能快递投递箱商业服务设施被引入人们的日常生活中，它们均匀地分布在社区、工厂、写字楼以及高校等场所，给消费者提供了自由、便捷的快递服务。根据其本身的功能特性和日常观察得知，快递投递箱在城市公共空间中分布的位置主要有集中在公共空间中心、沿主要道路、建筑主要出入口、分散在区域建筑四周等几种。在此基础上可进一步归纳总结为沿街式、分散式和集中式。沿街式是指将快递投递箱设置在商业区、居住社区的临街面，通常在居住楼盘的底层，与街道形成对内对外方便的布局模式；分散式是依据大型的公共空间、商场等内部具体的人群分布、出入口设置等需求情况进行灵活的布局；集中式是指根据小型社区的具体情况，将快递投递箱服务设施集中布置于区域内部的中心位置。

5. 道路设计类设施

人们的户外活动很大一部分是围绕道路展开的。道路与人们的日常生活行为关系密切，它所构成的交通环境是公共设施的重要载体。优良的道路设施不仅为公众提供便利、安全、高效的出行环境，同时对维护城市生态、美化都市环境起到积极的作用。在某种程度上，道路设计类设施的形式、工艺、完善程度乃至管理水平等是反映城市文化和城市精神的一面镜子。

（1）地面铺装。地面铺装指公共环境中以硬质或软质材料铺设于地面之上，使其洁净、卫生、美观的一种道路设计形式。地面铺装按其所在地可以分为广场地面铺装、商业街地面铺装、居住区地面铺装、公园和绿地广场地面铺装、人行道地面铺装等类型。

1）广场地面铺装：广场是一个模糊的、广义的概念，依据不同的功能和形式，又可细分为纪念广场、交通广场、商业广场、文化娱乐广场、儿童游乐广场及建筑广场等。无论何种类型，在广场的地面铺装上首先要以功能性为前提，选择适当的铺装形式和要素；其次是考虑广场所处的地理位置和场所特征，选择适宜的材质；再次是借助艺术的手法来强化广场的性格魅力及其场所精神。在注重广场本身地面铺装的同时，还要关注广场边缘的铺装处理。广场与其他地界，如人行道的交界处，应有明显的区分，这样可使广场空间更为完善，人们也会对广场图案及其铺装形式产生认同感。反之，若广场边缘不清晰，尤其是广场与道路相邻时，将会让人产生混乱感与模糊感，若与交通主干道相邻还会带来安全隐患，因此需加强广场空间的地面与其他空间地面的差异化处理来界定其边界划分，一般可以借助改变边界区域的铺装色彩、材质、构成或改变标高，设置隔离桩、缘石、绿化带等方式强化区域边界，增加场所感。

2）商业街地面铺装：商业街是现代城市的重要组成部分。它不仅是公众购物、休闲以及旅游的场所，同时也是展示城市商业文明、体现城市经济文化的一个窗口。商业街依据其空间类型和交通方式又可以划分为开敞式商业街、封闭式商业街、完全步行商业街、半步行商业街以及公交步行混合商业街等。虽然商业街的类型迥异，但在地面铺装设计方面追求安全、舒适、亲切以及具有方向感、方位感、文化感、历史感和特色感的总体要求是一致的。商业街的地面铺装设计要注意以下几点：

● 由于商业街的人流量大，公众在行进的过程中将主要精力放在了商品或橱窗上，而很少注意路面的情况。所以，商业街的路面铺装尽量减少或避免高差变化，以防给公众带来意外伤害。如果因路面结构造成必须存在高差时，应做明显的标志，如通过铺装色彩以及材质的变化进行提醒或警示。

● 当前城市中的商业街主要以开敞式的户外步行街为主，如天津的滨江道、上海的南京路等。由于是在户外的空间，商业街地面铺装材质的选择应考虑夏季、冬季等多雨雪季节的防滑问题。一般而言，此类路面通常采用表面质感粗糙、透水性好、耐污染、耐腐蚀以及易于施工和维护的天然切块石材。

● 在商业步行街中，铺装尺度要亲切、宜人，使人感受到轻松、温馨，甚至可以与空间环境对话。

● 商业街地面铺装的色彩要与周围环境保持协调，以强化空间的整体感，从而创造出轻松舒适的氛围。一般而言，明亮淡雅的暖色调铺装既可以带给购物者一种温暖祥和的心理感受，同时又可以使购物空间显得更大、更宽敞。尤其是封闭式商业街通常适宜采用这种色调的铺装。在采用单色铺装时，为避免单调感，可在大面积的单色基础上加入一些其他连续性的颜色或是有韵律感的图案。比如，重复的方格形图案可以增强空间的整体感与稳定感，斜线、折线或曲线形图案能够强化空间的运动感，而带有彩绘图案或镶嵌图形的地砖则能够愉悦人的身心（图5-2-3）。

图5-2-3 铺装图案

3）居住区地面铺装：居住区是人们日常生活的聚集地，其道路的铺装要以"人"为主体，创造一个舒适、安全、美观的通行环境。居住区路面铺装应与社区的整体环境和风格特色相协调，借助所选用材质的质感、肌理、色彩以及图案等元素创造出富有魅力的路面和场地景观。其材料应以切块类砖石材料为主，色彩应生动活泼，富于变化。一个居住区可以采用统一色彩的材质进行设计，但同时要注意与整体建筑格调的协调。这样可以建立一种良好的空间秩序，使人们在步行的过程中通过地面铺装色彩的变化即可感知空间的转换。在铺装图案的设计上，应充分利用点、线、面等基本造型元素，通过其组合方式突出铺装的方向感、方位感和场地的边界感。此外，铺装图案还应注重其趣味性和观赏性。小而宜人的铺装尺度和形色优美的铺装图案不仅能够提升人们漫步、聊天、交往以及嬉戏行为的质量，同时也可以为人们的户外生活增添美的视觉享受。

4）公园和绿地广场地面铺装：公园和绿地广场是城市居民追求自然、接近自然和享受自然的最佳去处，因其绿化率高而被称为城市的"绿肺"。公园和绿地广场的存在对改善城市生态、保护生态平衡以及缓解环境污染都具有积极意义。当人们在公园和景观绿地广场休憩时，视线所及除蓝天、白云、绿树之外，接触最多的应该就是脚下的道路。因此，对公园和绿地广场的地面铺装进行精心设计,打造形式丰富、肌理美观的地面效果是非常必要的。公园与绿地广场等休憩场所的地面铺装与其他公共环境有所不同:一方面应遵循生态的原则进行设计,采用软质与硬质铺装相结合,力求与自然的高度融合,以保持景观生态系统的良性循环和可持续发展;另一方面,由于这类区域的人群密集、人流量大,且受风雨寒暑等气候影响严重,所以在铺装材质的选择上应选用坚固、平稳、耐磨、耐腐蚀、表面粗糙、少尘土、便于清扫的石料板材、块石、拳石、卵石、碎拼石材、木砌块等天然材料以及混凝土和沥青等混合材质。在铺装方式上,为增加园路的观赏性和情趣性,可以运用多种多样的铺设手法,如采用不同质感、肌理和色彩的材质并用的方法,将地面设计成拼花的形式;使用天然沙砾的脱色沥青混合料,将其表面研磨,做成半柔性路面;采用表面腐蚀工艺的水泥混凝土,或是通过特殊工具将路面做成水刷式表面;也可以运用彩色混凝土和塑胶等材料创造一种纹理丰富、色彩鲜艳的步行道,使人在行进的过程中感受到路面带来的温馨、亲切、自然和愉悦。

  5)人行道地面铺装:人行道是城市道路中仅次于车行道的重要组成部分,是专门用于集散人流、供步行者通行并限制机动车交通混入的街道。人行道作为城市重要的交通流线和观赏路线,它的铺装设计要着重体现审美、便利和安全等方面的功能。在人行道铺装设计中要明确人是街道景观的主要观赏者,所以步行者视觉上的适应性是铺装设计的重要内容。赏心悦目的地面铺装可以使行人变得活泼开朗、轻松愉快。人行道地面铺装尤其是较窄的人行道尺度宜采用人体尺度或小尺度,以便给行人带来亲和感和舒适感。对于较宽的人行道,可借助图案的间隔、线条的划分降低尺度感,吸引更多人驻足。在色彩设计方面,人行道的地面铺装应丰富多彩,但同时需注意与周围环境的协调,既不可太沉闷,也不可太突兀。构形宜采用重复形式,给步行赋予一种节奏感。还可以通过加强铺装图案的细部设计,使铺装更具观赏性与可读性,增加景观的文化内涵,以满足人们在行进过程中对城市、街道、建筑以及景观的品评、想象和回味。

  营造便利、安全的人性化步行空间是人行道地面铺装的最终目标。在铺装设计时就要注意满足不同人群的多样化需求。为了增加人行道的安全性,人行道与车行道之间应有明确的边界区分。依据人行道的宽窄,区分的方法主要有两种:一是采用断差的方式进行空间界定。所谓断差的方式就是利用高差来区分空间的方式,比如将人行道路面抬高 20cm 左右以区别车行道。这种边界界定方法主要适用于较宽的人行道。二是若人行道较窄,为了增强空间的开敞性,可以通过改变人行道与车行道色彩或材质的方法,配合限定高度的隔离墩、界桩、护栏或绿化来进

图 5-2-4 不同宽度的人行道

行边界线划分。在材质使用方面,人行道地面铺装应以采用防滑、耐磨、耐腐蚀、透水性良好并具有一定强度的石材或砖材为主(图 5-2-4)。

  (2)花池与花境。花池,顾名思义是以容纳花卉为主的空间,在现代公共环境中花池是不可缺少的景观元素。它对于维护花木、点缀环境以及突出城市景观意象作用巨大。与花坛、花钵、花盆等容器相比,花池的占地面积更大,常用于公园、广场、庭院以及道路等人群集中的较大型开放空间中。花池一般近地面栽植花卉而与地坪略有高差。依据与地面的水平距离,花池可分为两种形式:突出于地面的高台式花池和低于地面的下沉式花池。花池种植的花草以平面图案和肌理形式表现为主,按照图案类型花池可以分为毛毡式、框花式、丝带式等形式。另外,依据花池所种植的植

物种类,又可分为草坪花池、花卉花池以及综合花池等。

花池在公共空间中的布置灵活多变,既可以布置在广场、道路的中央,也可以布置在这些空间的边缘。为了便于排水,花池的种植床应略高于地面,土壤厚度根据植物类型应有所区分。栽植一年生花卉及草坪的土壤厚度大约为0.2m;栽植多年生花卉或灌木时土壤的厚度宜在0.4m左右。下沉式花池的植床下应设有排水设施。

建造花池的施工工艺和材料也是多种多样的,既可以是石材、砖材、混凝土,也可以是木材和塑料预制块。为丰富视觉形态和提高花池的观赏性,可以在花池立面镶嵌干黏石、鹅卵石、瓷砖以及马赛克等。

花境指沿着公园、广场或道路边缘种植花卉的绿化形式,有花径之意。它与花池的不同在于其平面形状比较灵活、自由,可直线布局,如带状花境,也可作自由曲线布局。所栽植物一般为多年生花卉、乔木、灌木等,应时令要求也常辅之以一、二年生花卉。

(3)树池与树池箅。在城市公共空间中,树池一方面为树木生长提供了所需的基本空间,另一方面也有效地保护了树木根部免受践踏,同时又便于雨水渗透,保证行人安全。树池的使用不仅仅局限于道路、广场、绿地等平坦地带,也可因地制宜地与水池、墙体相结合形成临水树池、水中树池、跌水树池、台阶树池以及墙垣树池等。树池的形式多种多样,有圆形的、椭圆形的、弧形的、方形的以及带状的。在公共环境中,常见的树池类型通常是按照树池与周围路面的高差大小来分类,可分为平树池和高树池。

平树池指树池池壁外缘的高度与路面铺装的高度相平。池壁可用普通机砖,也可用预制混凝土,其宽和厚通常为6cm×12cm或8cm×22cm,长度依据树池大小而定。树池周围的地面铺装可向树池方向做排水坡。树池内部可以设置格栅即树箅,地面的积水可以通过树箅流入树池。为防止行人误入树池,可将树池周围的地面做成与其他地面不同的色彩或材质,也可以在树池内铺设透水的卵石、树皮等,这样既可以起到提醒、警示的作用,同时又是一种装饰(图5-2-5)。

图5-2-5 树池的铺设

高树池指把种植池的池壁高度做成高出地面的树池,高树池的高度一般为15cm左右,可以防止池内的土壤流失,避免人们误入其中踩踏土壤而影响树木的生长。高树池的形式多种多样,在公园、广场等人流密集的地方,高树池通常与座椅相结合,既可以保护树木,又可在夏季为人们提供荫凉(图5-2-6)。

树池箅又称护树板、树池盖板或树围子,是设置于公园、广场、人行道等步行空间中树池内的栅栏。公共空间中绿化树木设置树箅的目的主要有四个方面:一是加强场所地面的平整性;二是防

图 5-2-6　高树池与座椅结合

止土壤裸露和流失，保证树池在各种条件下的清洁；三是避免树根部堆积污物，有利于环境卫生；四是防止踩踏，保持树木根部土壤疏松，以利于树木的生长。

树池箅的材质通常为金属、石材以及混凝土等材料。根据拼装方法有双拼（180°）、四拼（90°）、多拼和铺垫（如砾石、草坪以及橡胶粒）等（图 5-2-7）。树池箅的外缘尺寸和内部孔洞的大小要依据树池、树高和树干直径的大小来定。一般而言，树池箅内部孔洞的直径应大于树干直径的 2～3 倍及以上，以便为树木留下足够的生长空间。树池箅与树木以及树池的尺寸关系具体见表 5-2-1。

图 5-2-7　树池箅的拼装（单位：mm）

表 5-2-1　树池箅与树木以及树池的尺寸关系

树高/m	树池尺寸		树池箅尺寸（直径）/m
	直径/m	深度/m	
3	0.6	0.5	0.75
4～5	0.8	0.6	1.2
6	1.2	0.9	1.5
7	1.5	1.0	1.8
8～10	1.8	1.2	2.0

在满足树池箅盖面坚实和安装牢固的基础上，要保证箅面透水孔通畅，以便使雨水能够渗入树池内部，同时也便于清扫。在可能的情况下，树池箅的造型和材质应与环境的地面铺装保持协调一致，或与树干护栏结合起来进行整体设计。

（4）窨井盖。窨井盖作为城市设施的组成元素之一，在城市户外空间中随处可见。由于窨井盖司空见惯，且又是踏在脚下，所以，向来很少受到建设者和公众的关注。但随着人们对环境品质要求的提升以及对城市美学的重视，形式新颖、独具特色的窨井盖总能给城市公共空间带来耳目一新的感受，尤其是在公园、广场、步行街以及风情区，设计优良、图案雅致的井盖往往会对环境起到画龙点睛的作用。因此，窨井盖设计日渐受到城市建设者的关注和重视。窨井盖形式多样，依据其造型可以分为圆形、方形、三角形、菱形以及多边形；依据其构造可以分为透水透光的格栅板（主要用于排水渠、雨水口、地下采光井以及通风口）和封堵密实的盖板（多用于消防、燃气、供暖、给排水以及通信光缆等）；依据所使用的材料，窨井盖又可分为金属材质、混凝土材质以及天然石材等。

窨井盖作为一种兼具实用性和艺术性于一体的城市公共设施，在设计上要遵循以下原则：注意窨井盖与路面铺装的过渡衔接，力求做到顺畅、自然与协调；窨井盖的设计要注重细节的推敲，满足"五防"（防动、防裂、防响、防盗以及防塌陷）；窨井盖的图案或纹饰设计尽可能反映所置区域的历史、文化、场所特征以及使用功能；窨井盖的色彩和材质要与路面铺装有所区别，以便于识别。

6. 公共艺术类设施

公共艺术作为一种艺术观念或文化现象是当代大众美学以及日常生活美学的延伸和社会民主化进程发展的必然结果。它突破了传统艺术的藩篱，将艺术的概念扩大化。公共艺术的范畴已然超越了传统的以满足人的审美体验或精神需求为主的雕塑、壁画等视觉艺术形式，而扩展到了建筑、景观、公共设施和装置艺术等具有艺术性的视觉形态或艺术行为领域。公共艺术概念的广泛性和兼容性特征决定了其价值属性的多元化与多义性。公共艺术融入都市并不仅仅只是充当城市的"化妆品"。置于特定场所之中的公共艺术品在"装点"和"美化"环境的同时，更重要的是能化景物为情思，即升华为城市的"符号"或"标识"，成为传承地域文脉、体现场所精神、追述城市记忆、形成地域认同、凝练城市特色的文化共同体，发挥促进社会、经济发展的功能。

（1）雕塑。雕塑作为展示城市形象的名片和使者，在设计创作时要遵循以下几项原则：

1）雕塑的风格和手法要注意所设置区域的特征。比如，历史文化积淀丰厚区域的雕塑和纪念性场所的雕塑应尽量采用古典主义风格或是写实手法。现代风格的环境可以选用现代主义风格或抽象手法的雕塑（图5-2-8）。

图5-2-8 写实雕塑

2）雕塑的题材或形式要体现场所精神，即雕塑要反映所置场所的历史特征、文化内涵或区域特色。

3）雕塑的造型、体量或色彩要与所置区域的整体环境相呼应，可以依据公共场所的具体特点，或与其协调一致，或相互对比。不可盲目借鉴和复制其他城市的雕塑，以免出现"淮橘成枳"的尴尬现象（图5-2-9）。

（2）壁饰。壁饰作为城市环境设施的有机组成部分，与雕塑一样在改善城市形象、提升城市品质以及擢升城市美学水平等方面的作用是非常重要的。壁画的创作通常具有两种形式：一是对墙壁表面做平面艺术的处理，即壁画；二是对墙壁表面做有凹凸感的雕塑处理，即浮雕。无论是雕塑还是壁画均是以建筑墙体作为依托进行的创作。因此在壁饰设计和创作时要注意如下几个方面的内容：①要能够对所依附的建筑起到烘托及美化作用，即壁饰对环境要起到画龙点睛的作用；②壁饰的内容、形式要和建筑的特征及使用功能相一致；③壁饰的尺度要综合考虑建筑的体量、环境、交通流线以及人的观赏距离等因素。

（3）水景。水是生命的源泉，从人类最初的逐水而居，到老子的"上善若水，水利万物而不

图 5-2-9　与环境结合的雕塑

害",再到孔子的"仁者乐山、智者乐水",几千年来人们对水的依赖和崇尚未曾中断过。直到今日,水仍是创造人们生活环境中极具品质与禅意的设计元素。即借水可塑造形态,可在有限的空间环境中呈现出自然风貌;借水的音响与形象可传达意境,可使空间环境体现出情与景的交融。所以,水景已经成为环境设计中富有魅力的景观之一。在现代城市环境中,水景的运用主要是通过喷泉、瀑布和水池三种形式来实现的。

1)喷泉。喷泉是指借助电力驱动的水泵和特殊设计的喷嘴,将水从池中喷射到空中的一种景观。喷泉的景观形式取决于喷泉的水量、高度、布局和造型。喷泉的喷点可以是独立喷点,也可以是多点喷点,既可以是高喷泉,也可以是矮喷泉。独立喷点的高喷泉主要用于水量较大的喷泉或中央喷泉,这种喷泉往往会成为一处景观的视觉中心,吸引行人或游客的关注。独立喷点的矮喷泉主要用于街头或广场等场所,可以作为点景,也可以作为行人观赏、休闲或是嬉戏的地方。多点喷泉通常是排成水阵或水列,借助数量而不是体量来装饰环境。多点喷泉不仅可以是平面式的,同时也可以是立体式的。喷泉的形式除与水池结合外,还通常与地面铺装和雕塑结合在一起。与地面铺装结合称为旱喷,即喷泉的水泵和喷嘴隐藏在地面铺装之下,喷点通过铺装的预留口将水从地面喷涌出来。这类喷泉因水量少、体积小(市政广场、文化广场等大型公共场所的喷泉除外)以及装饰效果良好而经常运用在公园和广场之中。为了增加喷泉的艺术性和观赏性,喷泉还经常与人物、动物或承露盘等雕塑结合在一起形成一种综合性的雕塑喷泉。

喷泉景观因设置方便、形式多样而备受公众的青睐。喷泉在设计时要注意以下几点:①要充分考虑喷水效果,如果是多种类型的喷泉集中表现,应注意喷泉形式、水量、水流以及水柱高低的区别,以形成具有主次感、层次感和情趣感的水景;②对于靠近步道的喷泉应控制其体量,以免妨碍路人的正常行为;③在旱喷和较窄的水池喷泉上要设置水箅,一方面可以防止行人误踏,另一方面也可以保持水面的清洁(图 5-2-10)。

2)瀑布。建筑外环境中的瀑布也称为景观瀑布。与自然瀑布不同的是,它是由人工形成的一种落水方式。瀑布的形式有散落、片落、布落、坠落、滑落、级落以及向心陷落等形式。加之水量、流速、水切的角度、落差、组合方式和构成、落坡的材质等的不同而形成了与喷泉迥然相异的水景形态。随着城市景观的发展,人们对瀑布的设置越来越重视,从街头角落到城市落水广场,从立体构成到平面表现,从人工水池到自然水道,瀑布在各种城市水景景观中都扮演着重要的角色(图 5-2-11)。

与喷泉一样,瀑布景观的设计要注意以下几个方面的因素:

● 衡量和确定公共空间景观瀑布的形式和效果,依据实际情况设计合理的瀑布落水厚度。如沿墙面滑落的瀑布水厚在 3~5cm,大型瀑布水厚为 20cm,普通瀑布水厚宜在 10cm 左右。

图 5-2-10　雕塑喷泉

图 5-2-11　瀑布

● 为保证瀑布水流的平稳滑落，需要对流水口作水形处理。

● 若要体现水花的下落过程，可以在平滑壁面上开凿深度在 1~3cm 的凹槽或作凿毛处理，也可作横向纹理处理，通过粗糙化处理来缓解水的流速。

● 在施工方面，需要对壁面石材作勾缝密封处理，以免瀑布墙体出现渗白现象。

3）水池。水池是广场、公园以及庭院等公共空间常用的一种水景形式。依据平面形式和面积大小，水池主要包括点式、线式和面式三种形态：

● 点式水池，指城市公共环境中规模和面积较小的水的载体，诸如露盘、饮用和盥洗池、小型喷泉和瀑布的水池等。这类水池广泛应用于庭院、广场、街头绿地做点景之用。虽然它的面积很小，但在意象上却起到"以拳代山，以勺代水"的景观意象，可以让人联想到城市空间的山水林泉之境。

● 线式水池，指形态狭长的水体景观，这种水体有时也被称为水道或水渠。由于线式水池蜿蜒绵长，对空间具有很强的划分作用，故而通常用在广场周围或中央起到界定范围或分割空间的作用。线式水池的形态多被设计成直线形、曲线形、折线形和曲水流觞形。水池中的水流大多采用流动的活水，以加强其线性的动势。为了丰富水景的视觉效果和增加情趣，线式水池通常与喷泉、瀑布等其他水面形式相结合，形成有机的景观整体。线式水池由于体量较小、装饰作用强和设置方便而成为城市公共空间中首选的水景形式。

● 面式水池，指规模、面积较大，在空间中起到控制景观作用的水池。这类水池可以是单一的水池，也可以是多个水池的组合。若干水池组合在一起既可以沿同一平面展开，也可以竖向叠加排列。依据公共空间的性质、面积以及功能的不同，面式水池的形态可以是有机型，也可以是几何形；水池的内部既可以是光洁的水面，也可以在水里设置喷泉、种植花草、养殖鱼类、建置雕塑或设立汀步等。

7. 无障碍类设施

无障碍设施指消除和减轻人类行为障碍的各种设施，旨在为老人、儿童以及残障人士等弱势群体创造一个与健全人平等交流和活动的空间环境。推进无障碍设计、发展无障碍设施不仅是社会文明的体现，同时也是社会公德不断提升的标志。它对于推动城市精神文明建设具有重要的社会意义。正如国际残疾人康复协会所倡导的："我们所要建立的城市是健全人、病人、孩子、青年人、老年人、残疾人等都没有任何不方便和障碍，能够共同自由生活、活动的城市。"

（1）无障碍道路。无障碍道路主要包括通道、盲道和坡道三种形式。

1）通道。公园、景观广场等场所的无障碍通道主要考虑要适合轮椅的通行。为便于轮椅的行走以及行人与轮椅的交错，此类公共空间中的步行通道最小宽度应为2m。在行人较少的特殊场所，步行道净宽不宜小于1.5m。为保障轮椅的行进安全，步行道路面铺装要平坦、防滑。为减少轮椅的颠簸频次，以长方形为主的铺装材料的长边尽量沿道路行进方向铺设。在人行道尽端应铺设坡道。为便于盲人行走时识别方位，保障盲人的人身安全，人行道的宽度宜在2.5m以上。人行道的两端应设有自助控制信号机，以提醒过往行人和车辆注意安全。这种信号机同时也适用于行动迟缓者（图5-2-12）。

图5-2-12　自助控制信号机

2）盲道。盲道是为视力残障人士专门设计的一种道路，盲道广泛设置于城市所有公共空间之中。盲道的宽度宜随人行道的宽度而定，见表5-2-2。

表5-2-2　　　　　　　　　盲道与人行道的尺度关系　　　　　　　　　单位：m

类　别	中心城区		新城、中心镇	
	人行道最小宽度	盲道宽度	人行道最小宽度	盲道宽度
各级道路	3～6	0.3～0.6	2～5	0.3～0.5
公共建筑（政府、商业、文化、医疗、纪念）	3～5	0.4～0.6	3	0.4～0.6
交通枢纽（轨道、公交车站）	4	0.4～0.6	3	0.4～0.6
居住区	3	0.3～0.5	2	0.3～0.5
公共建筑室内	2	0.25～0.4	2	0.25～0.4

盲道的材质可以是矿渣、混凝土、花岗岩、橡胶、聚氯乙烯以及不锈钢等（图5-2-13）。盲道的颜色应与相邻的人行道路面铺装的色彩有所区别，并注意与周围环境的协调，中间部分宜采用黄色。盲道的铺设应连续，并尽量避开护栏、树木、电线杆或墙体等障碍物。行进盲道宜设在距人行道外侧围墙、花台、树池以及绿化带0.25～0.6m处。行进盲道在转弯处应设置提示盲道，提示盲道的尺寸可以与行进盲道的尺寸一致，也可略大于行进盲道。不过在表面形式上两者应有所区别。诸如在行进盲道的表面可以设计凸起的条状图案，提示盲道的表面则可以设计成凸起的圆点状（图5-2-14）。

沿人行道和分隔带的公交站应设提示盲道，其宽度应为0.3～0.6m，距路缘石边宜为0.25～0.5m。另外，在距离人行道上的台阶、坡道或其他障碍物的0.25～0.6m处设置提示盲道。在有盲人上下的踏步两端也应设置盲道。踏步两侧或中间的扶手栏杆上宜设置盲文，以便于盲人读取相关信息（图5-2-15）。

图 5-2-13　盲道的材质

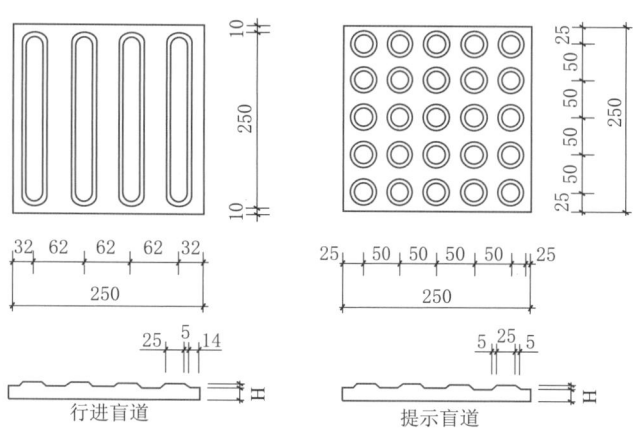

图 5-2-14　行进盲道与提示盲道的尺寸（单位：mm）

图 5-2-15　带盲文的扶手

3）坡道。在步行道出现高差，需设置多端阶梯的地方，为方便轮椅或有行动障碍的人士安全、顺利前行，应设置坡道。坡道的宽度和长度依据场地实际尺度来确定，最大坡度宜在 1:12～1:20 之间，坡度为 1:8～1:10 的轮椅坡道只适用于受场地限制予以改建的建筑物和室外道路。轮椅坡道的具体坡度的长、宽、高尺寸见表 5-2-3 和表 5-2-4 所示。

表 5-2-3　　　　　　　　　　　　　轮椅坡道的坡度

轮椅坡道位置	最大坡度	最小宽度/m	轮椅坡道位置	最大坡度	最小宽度/m
有台阶的建筑入口	1:12	≥1.2	室内走道	1:12	≥1.2
只设坡道的建筑入口	1:20	≥1.5	室外通道	1:20	≥1.5

表 5-2-4　　　　　　　　　　　　　轮椅坡道的高度和水平长度

坡度	1:20	1:16	1:12	1:10	1:8
最大高度/m	1.5	1	0.75	0.6	0.35
水平长度/m	30	16	9	6	2.8

适合轮椅的坡道尽量设计成直线形、折线形或折返形，不宜设计成圆形或弧形。为保障轮椅在上下坡的安全系数，坡道的铺装应坚实、平整、防滑，在两侧设置扶手，夜晚期间要保证适当的照明（图 5-2-16）。轮椅坡道侧面凌空时在扶手栏杆下端要设置高度不低于 0.1m 的坡道安全挡台。当坡道的水平投影超过 9m 时，应设置中间休息平台，中间休息平台的长度不小于 1.5m。

（2）无障碍设施。城市公共环境中的无障碍设施种类繁多，常见的主要包括以下几类：

1）街头设施。街头设施包括垃圾箱、座椅、路灯、标识牌、候车亭以及遮阳篷等。这类设施的位置要适当，以免给乘坐轮椅的残障人士或盲人行走时造成阻碍。特别注意，不要将阻止汽车进入的障碍物设置在倾斜缘石的中央，以免造成轮椅上下人行道时的不便。如需在人行道附近设置护柱之类的公共设施，设施之间的最小间距应不小于0.9m，地面和上部设施（如信息牌、标识牌、广告牌等）之间的垂直距离应不低于2.5m。供盲人使用的盲文标识牌或信息牌高度应控制在0.9~1.7m之间，以便于盲人触摸和感知。在色彩方面应加大设施与周围地面铺装的反差，以利于视力残障者能及时发现设施的存在，减少意外事故的发生。

图5-2-16 坡道

2）护柱类设施。护柱类设施多用于保护行人免遭车辆碰撞，引导车辆按规范行驶和停放，但这也给视力残障人士的行动带来了潜在的危害。为减少这一危害，车行道与人行道之间的护栏不应低于1m（高至腰部而不是膝部），周围区域要涂上反差大的颜色。护柱之间的间距不宜小于0.9m，且在护柱上不应有横向的突出物，以免给残障人士造成人身伤害。

3）售货机（亭）、问讯台设施。售货机、售货亭、问讯台包括饮水机等这类设施的服务窗口高度应在0.9m左右，最高处不宜超过1.2m。若设置显示器，显示器的字体、颜色以及声音应清晰。另外，此类设施前的地面不宜出现高差，以便于盲人或乘坐轮椅者使用。

4）公共厕所。城市公共空间中的卫生间必须至少为残障人士预留一间专用厕间。为残障人群专设的厕间，宜设置坐便器而不是蹲便器。确定坐便器位置时应考虑轮椅的转向，为轮椅的自由活动留下足够的空间。同时要在侧墙上安装扶手或拉手，以便残障人士或老人挪位和蹲起时使用。厕间的平面布局和开门位置都要满足轮椅转向和极限动作的需要。

（3）无障碍标识。无障碍标识包括三种类型，即国际通用无障碍标识、无障碍设施标识牌以及带指示方向的无障碍设施标识牌。这些无障碍标识主要设置在公园、广场、道路、交通枢纽以及对外开放的建筑等公共场所。影响无障碍标识识别的因素主要有色彩、字体以及幅面。一般而言，字体与背景色的反差越大识别性越强，反差越小识别性越差，即文字色度与背景所形成的对比度，两者的对比越强，标识的字迹就越清晰。当然，这里的清晰度不是指颜色，而是指反射度，即反射回视网膜的色光的多少。基于这一理论，公共场所中蓝底白字、绿底白字或黑底白字成为最常用的标识颜色（警戒标识除外）。当然，有些城市的标识为与城市色彩保持一致，也有用其他颜色作为标识牌的底色。字体指字的形态或形体，一般而言当字体的宽度与高度成比例时最容易辨认。标识幅面的大小要依据标识所置空间的大小、位置、人车流量、速度以及视距等具体情况来确定。

1. 简述建筑外环境的定义。
2. 建筑外环境由哪些要素构成？
3. 建筑外环境设计包括哪些设施？

第六章 空间与环境设计

第一节 室内空间设计

一、空间

1. 空间的概念

空间指人类为了有序地组织自己的生活所需要的物质产品，是人类劳动的产物。人对空间的需求是一个从低级到高级的过程，即从满足最基本的生活需要到满足精神需求的过程。在社会生产力，科学技术水平和经济文化等方面的影响下，人的主观要求决定了空间的基本特性；反之，建成空间也会对人的心理产生影响，使之发生相应的变化，这两者是一个互动、相互联系的动态过程。因此，空间的意义从来都不是一成不变的，而是处于不断变化的过程中。

室内设计空间系统的建立是基于四维空间的概念，室内设计的时空统一体是通过客观静态实体的存在与动态虚拟类型的存在以及主观人的时间运动相结合来实现的。空间限定和时间序列成为室内设计空间系统最基本的要素。

2. 空间形态

常见空间形态有下沉式空间、地台式空间、母子空间和结构空间。

（1）下沉式空间：室内地面某一局部的沉降在统一的室内空间中形成了一定的边界。沉降地面标高比周围地面要低，因此有一种隐蔽感和保护感（图6-1-1）。

（2）地台式空间：与下沉式空间相反，室内地面局部升高形成一个清晰的边界空间形态，给人以醒目的感觉，以显示的空间特征，达到一目了然的效果（图6-1-2）。

（3）母子空间：在大空间中隔出小空间，采用封闭与开敞相结合的方法，增强亲切感和私密感，强调共性中有个性的空间的处理，更好地满足人们的使用要求和心理需求（图6-1-3）。

（4）结构空间：建筑结构外露于室内空间，人们通过对外露结构的观赏，来领悟结构建造工艺，体验建筑结构的现代感、力度感和科技感（图6-1-4）。

3. 空间的造型语言

（1）直线与矩形。直线与矩形是各种空间中最常见的形式，这是由建筑结构本身的特点所决定的。由于直线和矩形本身所具有的方向感、稳定性以及形状变化更具有适应性，并且在选材和构造上比较经济，所以，大部分建筑采用直线和矩形来营造多样的空间形态。同时，斜线与三角形是在直线和矩形基础上的异化,而斜线和三角形的空间形态设计更适合于特定场所。

图6-1-1　下沉式空间

图6-1-2　地台式空间

图6-1-3　母子空间

图6-1-4　结构空间

（2）弧线与圆形。弧线与圆形是一种个性强、变化丰富的空间形态,具有较强的空间导向性。在室内设计中,弧线与圆形可以形成特殊的空间形态,具有强化空间的作用。并且,其空间的导向性、收纳性、聚焦性等较强,如圆形的向心感最强。

二、室内空间构成方式

空间是由界面围合而形成的,其形成后的差异使得空间内容发生变化。因此,根据空间构成的方式来区分内容,可以从空间的本质特征创造出符合功能和审美要求的环境。室内空间的构成方式受其形态的制约与影响呈现出三种基本形式：静态封闭空间、动态开敞空间和虚拟流动空间。

1. 静态封闭空间

静态封闭空间具有以下特点：界面围合后,限定性较强；有较强的私密性；具有的向心形式和领域感；空间内的陈设与空间界面尺度是协调统一的（图6-1-5）。

2. 动态开敞空间

动态开敞空间具有以下特点：界面不完整,界面呈现开敞的形态；限定度较弱,外向性强,具有与自然及周边环境渗透的特点；利用自然、物理和人工的各种要素,造成时间与空间相结合的四维空间；界面形体之间对比变化,具有很强的动态性（图6-1-6）。

3. 虚拟流动空间

虚拟流动空间具有以下特点：不受界面围合的限制，依靠大脑的联想与视觉来划定空间；象征性的分离，使视野清晰无阻，保持最大程度上的空间交融与连续；高度流动感的空间线性；运用室内构件和装饰元素所形成的"心理空间"（图6-1-7）。

图6-1-5 静态封闭空间

图6-1-6 动态开敞空间

三、室内空间与尺度

对室内空间形象的感知是通过人体感觉器官作用于大脑的结果。界面围合所形成的室内空间形态、照明、色彩、界面材料以及空间中的家具和装饰物等构成了空间的整体形象。平面布局中装饰家具的摆放、墙壁面和天花板装饰材料的组合以及功能实体的合理布置均与尺度密切相关。

1. 空间分隔方法

（1）建筑结构与装饰构架。利用室内空间

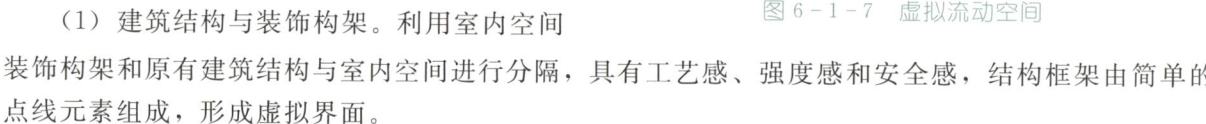

图6-1-7 虚拟流动空间

装饰构架和原有建筑结构与室内空间进行分隔，具有工艺感、强度感和安全感，结构框架由简单的点线元素组成，形成虚拟界面。

（2）隔断与家具。使用家具和隔断进行分隔空间，易形成中心，有很强的领域感，空间分隔中家具以水平分隔为主。

（3）界面凹凸与高低。利用建筑界面凹凸不平的变化来进行空间的分隔，具有较强的表现力，使空间氛围充满戏剧性的变化，同时也具有很高的趣味性。

（4）陈设与装饰。利用陈设和装饰物进行空间分隔，具有很强的向心力，丰富了空间变化，易于形成视觉中心。

（5）绿化与水体。利用绿化和水进行空间分隔，具有美化和拓展空间的效果，充满了生命力的绿化植物，满足了人们想亲近自然的心理。

2. 空间组合方式

（1）包容性组合：在一个大空间中包含另一个小空间称为包容组合。

（2）邻接性组合：两种不同的空间形态通过相互对接结合起来，称为相邻性组合（图6-1-8）。

（3）穿插性组合：两个空间通过交织和嵌入方式相结合的空间称为穿插性组合（图6-1-9）。

（4）过渡性组合：通过有限的空间界面进行交融和渗透方式进行空间组合，称为过渡性组合

(图6-1-10)。

(5) 综合性组合：是指内外空间要素的结合，运用灵活透明的流动性空间处理进行的组合，称为综合性组合（图6-1-11）。

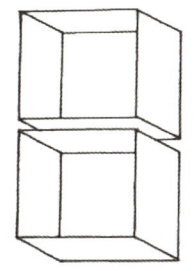

图6-1-8 邻接性组合

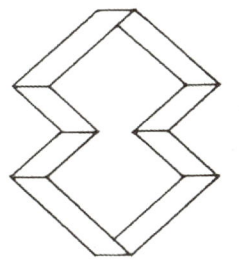

图6-1-9 穿插性组合

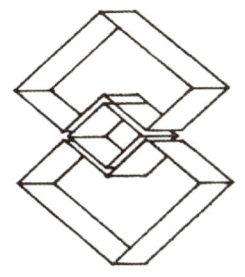

图6-1-10 过渡性组合

3. 空间界面处理方式

(1) 材料与结构。材料与结构是界面处理的基础方式，其自身具有朴素自然之美。

(2) 形体与过渡。界面形体的变化是空间造型的基础，两个界面不同的过渡处理造就了空间的个性。

(3) 质感与光影。采用光线投射在不同质感、纹理的材料上所产生的光影变化，改变了界面的特征，这是营造空间氛围最主要的方法之一。

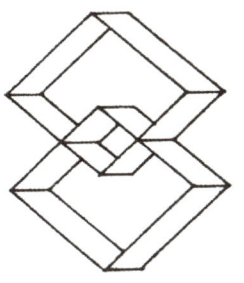

图6-1-11 综合性组合

(4) 色彩与图案。在界面的处理中，色彩和图案依附于光影与质感的变化。不同的色彩和图案赋予了界面鲜明的装饰个性，以至于影响了整个空间。

(5) 变化与层次。界面的变化和层次取决于材料、结构、形态、肌理、光影、颜色、图案等相互之间的合理搭配。

4. 空间界面围合样式

空间形象的界面围合样式主要由空间的组合、空间的分隔和界面处理三部分组成。

(1) 绝对分隔：有限高度的固体界面分隔空间称为绝对分隔空间。绝对分隔是封闭的，分隔出的空间边界清晰，抗干扰能力强，满足了人对空间安静和私密性的功能需要。实体的界面主要由活动隔断、轻体隔断和承重墙等组成（图6-1-12）。

(2) 相对分隔：低限度的局部界面分隔空间称为相对分隔空间，相对分隔具有一定的流动性。其限制强度也会随着界面的尺寸大小、材料、形状而变化，而分隔出来的空间界限并不十分明显。局部界面主要是由栏杆、屏风、较高的家具等组成（图6-1-13）。

图6-1-12 绝对分隔

图6-1-13 相对分隔

图 6-1-14 意向分隔

（3）意向分隔：由非实体的界面分隔的空间称为意向分隔。这是一个限定度很低的分隔方式。空间界面是虚拟模糊的，通过人类视觉进行联想和感知，具有意向性的心理效果，其空间分而不断，流动性很强。非实体物理界面是由颜色、材料、光、悬垂物玻璃等通透性强的因素组成（图6-1-14）。

5. 空间尺度

空间尺度包括两个方面：一方面是指人在室内空间中对空间有一个心理上定义的尺度，这种尺度主要体现在功能空间设计中，与人的行为心理有着直接的关系。由于人对于室内尺度的感受十分敏锐，从而形成以厘米为单位的度量体系，该体系的基本标准是满足功能要求。另一方面是室内实体界面结构本身所构成的空间尺度，这主要是为了满足空间立面构图的尺度标准与黄金比例，对空间形象的审美具有十分重要的意义。

四、空间的限定

在设计领域，我们把限定前的空间称为原空间，把限定空间的构件等物质手段称为限定元素。在原空间中限定另外一个空间，是室内设计中常用的手法。空间限定通常有以下几种方式：设立、围合、覆盖、凸起、下沉、悬架和纹理变化等。

1. 空间的限定方法

（1）设立。设立就是在原空间中设置限定元素，从而定义一个新的功能空间。在限定元素的周围通常可以形成一个向心式组合空间，而限定性元素本身通常可以成为人们关注的焦点。在室内设计中，一套家具、桌椅都可以是这种限定元素（图6-1-15）。

（2）围合。通过围合的方法限定空间是最典型的限定方法。在室内设计中，用于限定空间围合的元素有很多，如隔墙、家具、绿化等。由于这些限定性元素在质感、透明度、高度和密度等方面的差别，所形成的相应的空间限定度也是存在差异的，空间给人的感觉也不同。利用通透的搁架或隔断来围合空间，布置家具、餐桌等来限定空间，这种类型的空间限定方式通透性强，似围非围，成为空间限定中的常用设计手法（图6-1-16）。

图 6-1-15 阅读空间的设立

图 6-1-16 餐饮空间的围合

（3）覆盖。通过覆盖来限定空间也是一种常见的方法。室内空间和室外空间最大的区别在于室内空间被顶部界面覆盖。正是由于这些覆盖物的存在，室内空间才具有遮挡强烈的光线和躲避风雨等特点。因此，室内空间通常是通过悬挂在上面或下面支撑来覆盖空间。在室内设计中，通常在较大的室内环境中采用覆盖法。当然，由于限定元素的透明度、肌理、和离地的距离等的不同，其所形成的限定的空间效果也是不同的（图 6-1-17）。

（4）凸起。凸起有时会对人们的活动产生限制作用。也就是说，凸起的空间比周围的地面要高。在室内设计中，这种空间形式强调在设计中要刻意提高休息空间的地面，使之具有一定的展示性（图 6-1-18）。

图 6-1-17　吊顶对空间的覆盖　　　　　　　　图 6-1-18　局部空间的凸起

（5）下沉。下沉是另一种限制空间的方法，它使该区域低于周围空间，往往会在室内设计中产生意想不到的效果。它不仅可以为周围的空间提供一种居高临下的视觉感受，而且可以很容易地营造出一种安静的氛围，限定出一个聚谈空间，同时也增添了室内空间的趣味（图 6-1-19）。

（6）悬架。悬架是指在原始空间中局部增加一层或多层空间。上部空间的底面通常采用吊杆悬挂，构件由梁柱架起或悬挑。该方法有助于丰富空间效果，其中室内设计中的夹层和廊道是典型的实例（图 6-1-20）。

图 6-1-19　局部空间下沉　　　　　　　　图 6-1-20　空间中的悬架廊道

（7）抽象限定。在室内设计中还可以通过由界面的颜色、肌理、质感、光线的变化来限定空间。这些限制因素主要是通过人的意识发挥作用的，一般情况下，其限定性较低，属于一种抽象的限定（图 6-1-21）。

2. 空间的组织

在大型室内设计项目中，往往需要根据功能对原有建筑空间进行重新划分、限定和组织。一般来说，有几种不同的空间组织方式：以廊为主的组合方式、以厅为主的组合方式、套间形式的

图 6-1-21　光和色彩对空间的抽象限定

组合方式和主体空间的组合方式。这些组合方式各有特点，往往相互结合，形成多样的空间效果。

（1）以廊为主的组合方式。这种空间组合最重要的特点是，每个空间之间没有直接关系，而是使用走廊联系或某一专供交通的空间进行联系。此时，使用空间和交通空间是各自分开的，这不仅保证了每个空间的安静和不受干扰，而且通过走廊将每个空间连接在一起，并保持必要的联系（图6-1-22）。

（2）以厅为主的组合方式。大厅是建筑中极其重要的空间类型。从空间功能的角度来看，它具有人流的集散、交通的组织、空间的连接等功能。同时，它还具有休息、表演、观景、提供视觉中心等功能。在公共室内空间布局中经常使用大厅的组合方式（图6-1-23）。

图6-1-22　以廊为主的组合方式

图6-1-23　以厅为主的组合方式

（3）套间形式的组合方式。套间形式的组合方式消除了交通空间与使用空间的差异，将每个空间直接连接在一起形成了一个整体，不存在专供交通连接用的空间。例如，巴塞罗那博览会德国馆，密斯·凡·德·罗采用了几片纵横交错的墙面，把空间分隔成几个部分，但各部分空间之间互相贯穿，隔而不断，彼此之间不存在一条明确的界线，完全融成一体（图6-1-24）。

（4）主体空间的组合方式。在空间布局中，可以把具有一定体量的主要功能空间作为整个空间的主体，其他附属空间围绕、布置在主要功能空间的四周。此时，整体空间的特点是，主从关系更清晰，主体空间往往在功能上更重要，体积上更大。例如，会议中心的报告厅可以成为主要的空间（图6-1-25）。

图6-1-24　巴塞罗那博览会德国馆

图6-1-25　会议厅主体空间的组合

3. 序列的过程

环境设计是一种时空连续的四维表现艺术，其核心是时间和空间的不可分割性。在环境设计中，空间实体主要是建筑物的界面，人在空间穿梭中获得不同的视觉感受就会产生不同的界面效果。因此,界面的表现是通过时间的连续性来实现的。人在建筑空间中不断地感受空间实体与虚体两者之间在形式、色彩、造型、风格、尺度、比例等方面的不同信息,从而使人们产生不同的空间体验。人在空间行进的过程中不断地改变自己的视点和角度,此时,时间上的延续位移就为传统的三维空间增添了一种新的尺度,时间成为这里的第四度空间。正是人在空间中的行动给了第四维度一个完全的真实性。在室内设计中经常提到空间序列的概念,是指空间在客观上表现为运用不同尺度与样式连续排列的形体,而主观上则是由时间顺序来体现这种连续排列的空间形式。

序列的过程分为以下几个阶段:

(1) 起始阶段。这个阶段是一个序列的开始,开始的第一印象在任何时候都应该得到充分的重视。一般来说,具备足够的吸引力是设计初期阶段的核心。

(2) 过渡阶段。在序列过程中它起到承上启下的作用,是高潮阶段的前奏,是序列中的一个关键的环节。

(3) 高潮阶段。它是整个序列的重点,从某种意义上说,其他起始阶段、过渡阶段都是为高潮的出现所铺垫和服务的,因此序列中的高潮往往是最核心和最本质的部分所在。充分期待后得到的心理上的满足、激发情感达到顶峰是高潮阶段设计的核心。

(4) 终结阶段。也是空间设计中的最后阶段,它的主要任务是将空间从高潮的状态恢复到平静的状态。虽然它没有高潮阶段那么明显,但它是一个必不可少的组成部分,一个好的结局有利于人们回味。

4. 空间序列设计方法

空间序列设计就像一部完整的乐章,需有主题、起伏、高潮和结束的过程。

(1) 空间的导向性。指导人们行动方向的设计处理称为空间的导向性。良好的交通路线设计,是不需要标识引导人的,而是用空间设计自身的语言去传达给使用者信息,与人对话。例如,在空间中许多连续排列的柱子、成排且连续的柜台、装饰的灯具和绿化组合等都能够引起人们的注意,人们会在空间中不知不觉地跟随着这些物件运动起来。

(2) 空间的视觉中心。在一定范围内能够吸引人们注意力的物体称为视觉中心。视觉中心的设置往往需要运用具有强烈装饰趣味的物件,这样的装饰物件在空间中既具有了欣赏价值,又起到了引导和吸引人注意力的作用。

(3) 空间构图的对比统一。空间序列的全过程是一系列相互关联的空间过渡,在不同的序列阶段,有不同的空间处理,就会创造出不同的空间氛围。

1. 举例说明空间的限定方法有哪些方面?
2. 思考空间的构成方式有哪些,并通过实际案例进行举例分析。
3. 思考空间序列的设计手法有哪些。

第二节 环 境 设 计

一、环境设计的概念

1. 环境设计的基本含义

环境设计是围绕人类的自然环境、人工环境和社会环境这三者进行的设计。它是对构成人类现有的生存空间进行系统构思和美化的设计过程。所以，环境设计也称为环境艺术设计，即用艺术设计的手段来优化、完善我们的生存空间。环境设计的目的是运用科学技术创造出人们的物质和精神所需要的美好环境，并使人与物、人与环境、人与社会相互协调、和谐共处。

2. 环境设计的特征

环境设计除了具有使用功能外，还具有信息传递、审美欣赏、历史文化等属性特征。它是解决人类对空间环境的不同需求的一种设计方式。人类对环境功能的要求主要包括两方面：一方面是物质需求，如空间的大小、形状、光线、声音、空气、热能、气味等；另一方面是精神需求，如空间的风格形式、文化内涵、构成规律、审美情趣等。随着人们对经济水平、科技水平、艺术文化的追求，环境设计作为一个整体还需满足不同时代的特征。

3. 环境设计的原则

环境设计最重要的原则是以人为本。人是环境当中的主角，设计师在环境设计的过程中需要在尊重人类的基础上，创造符合人的生理和心理生存方式的空间环境。

同时，环境设计是一个系统，它由自然系统、人工系统组成。自然系统由气候地形、景观、气候等组成。人工系统由建筑物、交通、水电、照明设施、绿化等组成。此外，环境设计的构成除实体要素外，还存在观念、意识等非物质内容，涉及多个学科或领域，因此，环境设计必须考虑系统性和整体性等原则。

二、环境设计的基本要素

环境设计的基本要素是形状、颜色、光线、质感与肌理、声音与气味等。这些要素相互作用的结果几乎涵盖了所有的感知现象。但是，形状是最基本的要素，因为其他元素都附于物体的形状而存在，起到一种表现形式和衬托整体气氛等辅助作用。

1. 形

形通常指物体的形状或外部形体。任何一个物体，只要它是可视的，都有其形态。在环境中，我们直接建造的是有形的实体，并通过有形的实体限定出无形的空间。而人所需要的生活空间便是这无形的空间。空间形式也同样具有形状等属性，它既有别于实体形，又受实体形的限制和影响，它们之间是"图"与"底"的关系（图6-2-1）。这些实体的要素限定空间，决定着空间的基本形式和性质，而不同形式的空间又有着不同的性格与情感表达，给人以不同的视觉及心理感受。

图6-2-1 "图"与"底"的关系

（1）点。点通常是指在平面内被密密麻麻的线包围或者被某些所包围的空白的部分就变成了点。点是较小的视觉元素，在室内空间中以点为造型的基本元素（图6-2-2）。

在室内环境中点也是处处可见的小装饰物，与陈设、墙面交叉处、扶手的终端都可视为点，只要相对于它所处的空间来说足够小，而且又以位置为主要特征的都可看作是点。尽管点很小，但它

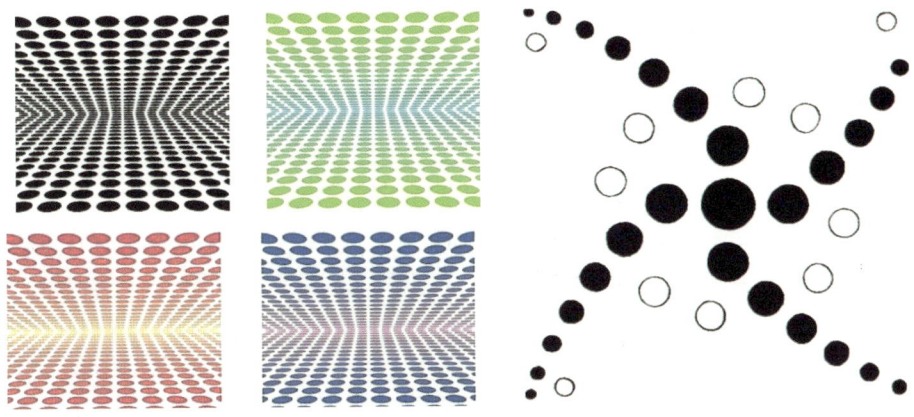

图 6-2-2 点

在视觉环境中常可起到以小制大的作用（图 6-2-3）。例如，室内空间的雕塑、墙壁上的挂画等，总之在空间中相对较小的物体都可以称为点（图 6-2-4）。

点是环境形态最基本的要素。排列有序的点给人以严整感；分组组合的点产生的律感；对应布置的点产生对称与均衡感；小点环绕大点，产生重点感、引力感；大小渐变的点产生动感；无序的点产生神秘感等。

图 6-2-3 空间陈设物

图 6-2-4 巴塞罗那博览会德国馆雕塑

（2）线。线在几何上的定义是"点移动的轨迹"。例如，边缘线、分界线、天际线等。线在实体建成之后能看得见，称为轮廓线。轮廓线可以使人产生很明确而直接的视感（图 6-2-5）。

图 6-2-5 平面构成中的线

在室内环境设计中线的种类很多，但无外乎几何线形与自由线形。线与线相接又会产生更为复杂的线型，如折线是直线的结合，波浪线是曲线的结合等。在当代室内空间设计中，最常见的线是水平线和垂直线。水平线由楼地面所决定。室内环境设计对水平线加以表现能产生平稳安定的横向感。垂直线由重力传线所规定，它使人产生力的感觉。同时，在表达异构空间时也会应用到折线（图6-2-6）。

图6-2-6 水平线、垂直线和折线在空间中的应用

曲线给人带来与直线相反的感觉与联想。例如，抛物线流畅，有速度感，环境中的曲线总是比直线更富变化、更丰富、更复杂。在当代人长久生活的充满直线的环境中，曲线的应用尤其显得具有人情味和亲切感（图6-2-7）。

图6-2-7 曲线在空间中的应用

在环境设计中，有些线应该有意被强调出来。例如，作为装饰的线脚，结构的线条等；有些线是不明显的、淡化了的，如墙面交界线等；还有些是被有意隐蔽起来的，如被吊在天花板中的构造设备的线条；另外，也有些线常被人为隐蔽但仍能从各种关系上感觉到它的存在。

（3）面。依据几何的概念来理解，面是线的展开，它具有宽度与长度。它还可以被看作是体或空间的边界面。点或线密集的排列也可以产生面的视觉效果（图6-2-8）。

面可以理解为线平移或沿曲线移动、绕轴旋转而成，包括平面、斜面、曲面。环境设计中的面有中空面与充

图6-2-8 构成中的面

实面两类：前者如孔口、镂空花饰、中空百叶玻璃窗等；后者如室内空间中的地面、顶面、内外墙面（图6-2-9），室外空间中的广场地面、园林水面等（图6-2-10）。

图6-2-9　巴塞罗那德国馆的顶面与地面

图6-2-10　古典园林中的水面

在环境空间中，平面是最为常见的。同时，室内空间中绝大部分的墙面、家具、小物品等造型设计都是以面为主。

斜面可以使规整的空间变化更加生动活泼。在视平面以下的斜面在功能上具有较强的引导作用。例如，斜的坡道具有一定动势，它改变了空间的呆板感觉，使空间形态极具动感（图6-2-11）。

曲面可进一步分为几何曲面和自由曲面。它们常与曲线相结合，增强空间灵动感（图6-2-12）。

图6-2-11　斜面在空间中的运用

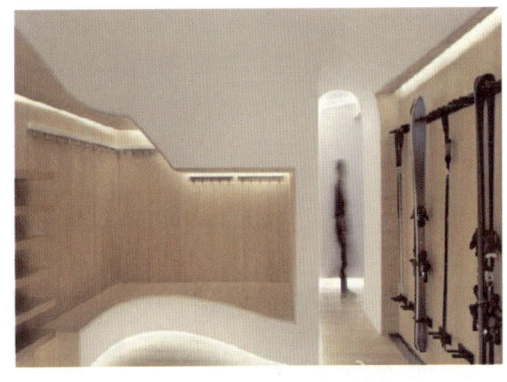
图6-2-12　曲面在空间中的运用

（4）体。体是面的平移或线旋转的轨迹，有长度、宽度和高度，它是一个三维的、有实感的形体。体的特点就是其自身具有稳定感、重量感和空间感。室内空间环境设计中经常采用的体可分为几何形体与自由形体两大类。体是由从不同角度看到的不同视觉印象叠加而得的综合感觉，对体的观赏与研究需要考虑到视点移动的效果，即加进时间因素（图6-2-13）。同时，在空间环境设计中，体的重量感的表现与其造型、各部分之间的尺度、比例、材料（表面质感、肌理）甚至色彩都密切相关。充满重量感的实体结构往往会创造出一个沉重与静态的空间。

2. 色彩

色彩是环境形态的要素之一，它能在人的感官和心理上产生一定的反应。就环境形态而言，色彩不可能独立存在，经常附在形体或光线上，并与形体特别密切地联系在一起。与形式相比，色彩在情感表达上具有优势。色彩是环境形态的要素在人的感官与心理上最能产生直接反应的要素。它对人心理上的影响是十分明显的，如果配色不当就会引起人心理甚至是视觉上的疲劳或不适，如果

图6-2-13 立体构成中的立方体

在空间设计中明暗对比等关系运用不当会引起使用者在精神上的负担。例如，中学校园的设计中，教室与阅览室以浅蓝或浅绿色调为主，而娱乐活动区则运用以红、黄为主的活泼色调，这正是设计师依据色彩的特征创造的空间环境。

3. 光

环境设计中的形体、色彩、质感表现都离不开光的作用。光自身也富有美感、具有装饰作用。

（1）光作为照明。对于环境设计而言，光的最基本作用就是照明。适度的光照是人们进行正常工作、学习和生活所必不可少的条件。因此，在设计中对于自然采光和人工照明的问题应给予充分的考虑。环境空间设计中必须根据具体情况维持适当的亮度。

（2）光作为造型。光可以作为一种辅助装饰形与色的造型手段，来创造更美好的空间环境。通过合理地运用光能修饰形与色，将本来简单的造型色彩变得丰富，并在很大程度上影响和改变人对形与色的视觉感受。并且，它还能赋予空间以生命力，创造出各种空间气氛。

许多著名的建筑师，如柯布西耶、贝聿铭、阿尔托、丹下健三、安藤忠雄等，他们的作品充分挖掘光在环境空间中的表现力，运用自然光照给人以完美的视觉感受。尽管他们在处理空间时的方法各不相同，但这些建筑大师都注重光在空间设计中的应用，善于把握和控制光在环境空间的表达效果。例如，柯布西耶设计的朗香教堂（图6-2-14）、安藤忠雄设计的光之教堂等（图6-2-15）。

图6-2-14 朗香教堂　　　　　　　　　　图6-2-15 光之教堂

（3）光作为装饰。光除了对形体、质感的辅助表现外，光自身还具有装饰作用。不同照度、不同位置、不同种类的光有不同的感觉，光和影在环境设计的空间中可以构成很优美的并且很含蓄的构图，创造出不同情调的气氛。这种被光装饰了的空间，环境不再单调无味，而且充满梦幻的意境，令人回味。

城市照明是环境设计的重要组成部分,可称之为城市灯光环境,而不应简单理解为城市夜景照明,它主要通过人工光源对城市环境再塑造,是灯光艺术与技术相结合的产物,是城市文化和精神的一种再现(图6-2-16)。

图6-2-16 光在城市空间的应用

4. 质感与肌理

质感就是指材料的色彩与纹理等特性。肌理就是指材料表面组织结构而形成的有序或无序的纹路,其中也包含对材料本身经过再加工而形成的图案纹理。另外,构成环境的各要素之间所形成的一种较大范围的富有韵律、协调统一的图案效果也可称为肌理。每种材料都有它的特质、不同的肌理会表达出不同的情感。如今,设计者在构思设计方案的同时就需要考虑到包括材料在空间内产生的整体效果,从材料节点构造、拼接方法、表面处理再到视觉效果。应当善于发现并利用不同材料的特征完善其作品,如赖特用砖石、柯布西耶用混凝土、密斯用钢和玻璃、王澍用瓦片。同时,天然石头、未经表面细化处理的木头、砖、皮毛、地毯等材质肌理,会产生生动活泼、富有变化的质感(图6-2-17)。

图6-2-17 空间中的红砖墙以及宁波博物馆的瓦片墙

5. 声音与嗅觉

声学设计的基本作用是提高音质质量、减少噪声的影响。设计师必须了解声音的物理性质和各种建筑材料的隔声、吸声特性,才能有效地控制声环境质量,要创造音质优美的环境。声音不仅要满足人们在生理上的需求,而且还要运用动听悦耳的声音来增强环境的美感。

关于空间环境中的嗅觉主要是指草木芬芳。这些作用于嗅觉的无形风景信息,加强了园景的动人美丽(图6-2-18)。另外,在室内空间设计中,特别是大型公共空间的设计中要尽量选择使用环境友好型的材料。这样有利于减少有害性气体的挥发,使人们更好地从事工作、学习、休憩、购物、候车、锻炼、交谈、娱乐等活动。

图 6-2-18　古典园林中种植的荷花

三、环境设计的功能与意义

环境设计不论是任何室内或室外环境，或大大小小的环境，都需要满足人的行为的需求，即它具有一定的功能性，环境才具有现实意义。另外，环境设计虽然在功能上只是为人们提供一个可居住、停留、休憩和观赏的场所，但是由于其在社会、历史、风土人情等脉络关系中，而使其在功能上具有相对的复杂性。有些环境是以满足物质需求为主，如住宅、餐馆等；有些环境是以满足精神需求为主，如教堂、纪念广场等；还有些环境主要的是审美功能的体现者，如美术馆、雕塑公园等。即使它们的侧重点不同，大部分空间环境也都是三种功能共同作用的有机整体。

1. 环境设计的功能

（1）满足人的精神需求。物质环境往往运用空间反映的精神内涵，营造一定的空间氛围，给人们带来情感和精神上的寄托和启示，特别是在一些标志性和纪念性的空间中最为典型。如西方的教堂与纪念广场，公园的形态组织和尺度完全服务于创造反映某种含义和思想的空间氛围，使特定的空间具有鲜明的主题。

（2）满足人的生理需求。空间元素的合理设计使人们能够坐、站、观、行。合理的空间组织又能够满足人们日常生活的需要，空间距离和大小取决于内容。这样就能满足空间中作为主体中的人对于空间的保暖与隔热、采光与照明、防潮与通风等方面的生理需求。在环境设计中必须考虑到许多细节因素，例如材料的合理使用、空间的尺度大小、特定环境的功能等，最终使环境设计更好地实现这些功能。

（3）满足人的心理需求。在我们的环境与行为中，我们对领域和个人空间、交往和私密性都有心理上的需求。在环境设计中，应注意个人空间的防御性，能够给使用者带来身心上的安全感。人们在环境中需要有私密性和交往的需求，人的私密性要求并不意味着他们是自我孤立的，而是他们拥有选择与他人接触程度的自由。因此，简单地提供一个孤立的空间并不意味着解决这个问题。在环境设计中，隔断空间联系、限制人类行为、屏蔽视线、控制噪声干扰是获得私密性的主要途径。

（4）满足人的行为需求。在设计的各个阶段都要考虑人的行为，其中空间的关系与组织，以及人在环境中行进动线为环境设计过程中主要的考虑因素之一。不同人群在不同环境中有着不同的行为，具体环境也存在差异，环境的空间形态、空间特征以及设计要求都会有所不同，侧重于不同的功能。

2. 环境设计的意义

人的需要是复杂的，从物质到精神，从生理到心理等，现代人的意识已经从"生存意识"发展到更高层次的"环境意识"。人是室内环境的主角，具有创造和改变环境的能力，能够在自然环境的基础上，根据人的意愿创造人工环境。然而，当人们逐渐发现人工环境离他们想要的理想生活空间很远时，有必要重新关注以人为本，使"人、空间、环境"之间的关系更加和谐。当今社会，人们对环境的需求呈现出回归自然、重视文化、多元化、情感化、个性化、自我娱乐的趋势。因此，协调人、空间、环境这三者的关系，使它们能和谐统一，形成一个完美、舒适的空间，是环境设计的意义，也是环境设计的发展方向，从而实现空间环境的动态平衡。

1. 环境设计的特征以及环境设计的原则有哪些？
2. 环境设计中光的作用有哪些？试举例说明。
3. 环境设计在当今社会生活有何作用与意义？

第七章

环境与社会

第一节 建筑及环境设计调研

在第四章第一节环境设计程序中,对场地内部条件的调研和分析已经做了讲解,因此本章着重讲述场地社会环境调研的内容。

一、建设条件

1. 区域环境条件

（1）区域位置。场地的区域位置条件指在区域中的地理位置,分析场地在城市用地布局结构中的地位及其与同类设施和相关设施的空间关系,以及更大区域中城镇体系布局、产业分布和资源开发的经济、社会联系、从中挖掘场地的特色与发展潜力。

（2）区域环境状况。环境生态状况指绿化、环境的优劣,以及由此引起的大气、土壤和水等方面的生态平衡问题。环境公害的防治指"三废"和噪声等问题。相应的防治措施包括：场地合理的建筑布局、设置绿化防护带、利用地形高差及人工障壁等手段,减少其对场地的干扰。

2. 场地与周围环境

（1）周围道路交通条件。道路交通条件是确定场地出入口设置、建筑物主要朝向和建筑物主要出入口的重要因素。主要包括场地是否与城市道路相邻、相接,周围城市道路的性质、等级和走向情况、人流、车流的流量和流向等。

（2）相邻场地建设状况。建设状况包括相邻场地的土地使用状况、布局模式、基本形态以及场地各要素的具体处理形式。考察场地内建筑之间的尺度与位置,确定其是否对拟建场地日照、通风、消防、景观、安全等构成影响。了解相邻场地基本布局方式、基本形态特征、建筑处理手法以及与拟建场地的边线间距等,用以处理好周围环境的关系。

（3）基地附近城市要素。基地周围存在的特殊城市元素对场地会有特定的影响,主要包括自然因素和人文因素两个方面：自然因素包括森林、河流、山脉；人文因素包括城市公园、公共绿地、城市广场、历史文化古迹。

场地设计尤其是场地布局应对这些有利条件加以借鉴、引申及利用,并应能使场地与这些城市元素形成某种统一和谐的关系,使两者均能因对方的存在而获得益处；这些因素同时也可能对拟建场地的建筑高度、层数、建筑形式等有一定的约束。

3. 场地内部建筑现状条件

(1) 现状建筑物和构筑物。建筑物,一般指供人们进行生产、生活的房屋或场所,大体分为工业、民用、农业、园林等。构筑物,一般指人们不会在其内进行生产和生活活动的场所,如水塔、烟囱、堤坝等(图7-1-1)。进行前期调研时,要注意以下几个方面:

1)现有建筑的处理方式有保留、保护、改造利用或全部拆除等方式。

2)注意其朝向、形态、组合方式等特征。

3)分析其用途、质量、层数、结构形式。

4)分析其经济性、保留的可能性、保护的必要性和再利用的可能性。

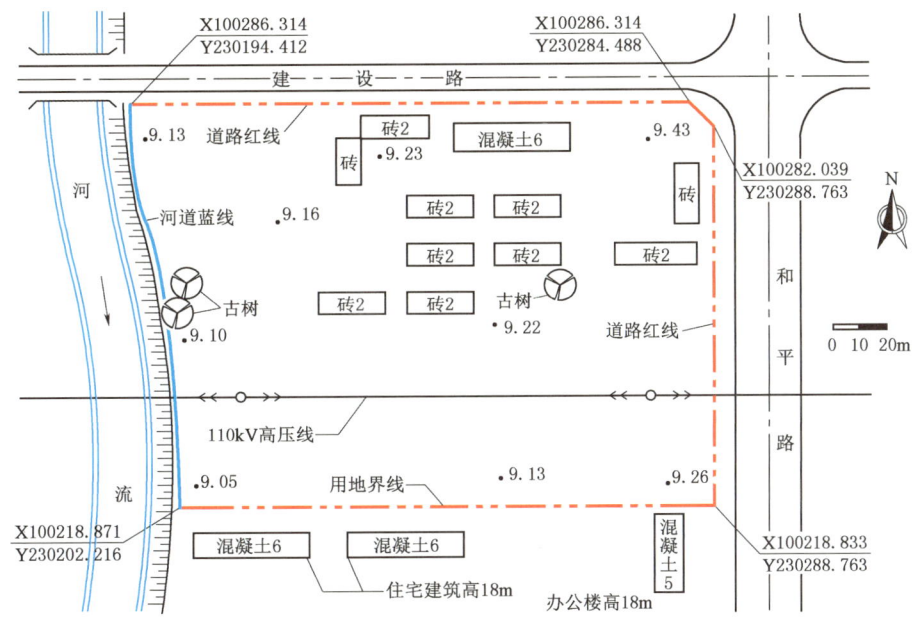

图 7-1-1 某场地现状图

(2) 场地现状设施。场地现状设施主要包括公共服务设施和基础设施两类:

1)公共服务设施。公共设施,是为市民提供公共服务产品的公共性、服务性设施,按照具体的项目服务特点可分为教育、医疗、文化、娱乐等。公共设施不仅影响场地使用的生活舒适度与出行活动规律,也是决定土地使用价值和利用方式的重要衡量条件。

2)基础设施。基础设施分为交通、邮电、供水供电、商业服务、园林绿化、文化教育等市政公用工程设施和公共生活服务设施等,这是一个国家保证各项经济事业发展的基础。在现代社会中,经济发展越高,对基础设施的要求越高;完善的基础设施促进加速社会经济活动。建立完善的基础设施不是一朝一夕的事业,并且需要巨额投资。对城市的重大项目建设,更需要政府以及政策的优先支持,提供更完善的基础设施,以便项目尽快发挥经济效益。此外还应分析场地内有无高压线、微波塔以及航空走廊等对建筑物的退让和高度要求。

(3) 现状植被。现状植被依植物群落类型划分,可分为草甸植被、森林植被等。它与气候、土壤、地形、动物界及水况等自然环境要素密切相关。从全球范围可区分为海洋植被和陆地植被两大类。但由于陆地环境差异大,因而形成了多种植被类型,可将其划分为植被型、植物群系和群丛等多级分类系列。还可分为自然植被和人工植被。人工植被包括农田、果园、草场、人造林和城市绿地等,自然植被包括原生植被、次生植被等。

(4) 内部社会条件。城市基础设施对生产单位尤为重要,是其达到经济效益、环境效益和社会效益的必要条件之一。城市基础设施一般分为两类:工程性基础设施和社会性基础设施。

1) 工程性基础设施一般指能源供给系统、给排水系统、道路交通系统、通信系统、环境卫生系统以及城市防灾系统等六大系统。

2) 社会性基础设施则指城市行政管理、文化教育、医疗卫生、基础性商业服务、教育科研、宗教、社会福利及住房保障等。

我国一般讲城市基础设施多指工程性基础设施。

(5) 文物古迹保护。文物古迹是具有历史价值、科学价值、艺术价值、遗存在社会上或埋藏在地下的历史文化遗物和遗迹。国际上文物主要指百年以上并具有历史艺术价值的物品。中国根据文物古迹的价值高低，将文物分为国家级、省（直辖市）级和市县级三级。调研时应了解场地历史变迁，了解该场地是否有文物存在。如有，应及时要求有关文物部门查勘；有重大历史价值者，则应保护历史文物或现代文物，必要时，另选基地建设。

二、公共限制

1. 用地控制

（1）用地红线。用地红线是围起某个地块的一些坐标点连成的线，红线内土地面积就是取得使用权的用地范围，是各类建筑工程项目用地的使用权属范围的边界线（图 7-1-2）。

根据我国的建设用地使用制度，土地使用者或建设开发商可以通过行政划拨、土地出让或拍卖等方式，在交纳有关费用并按响应程序办理手续后，领取土地使用证，取得国有土地一定期限的使用权。但这并不意味着取得使用权的土地可以全部用于项目的开发与建设，用地边界还要受到若干因素的限制。征地界线是由城市规划管理部门划定的供土地使用者征用的边界线；征地界线内包括城市公共设施，如城市道路、公共绿地等；建设用地边界线指征地范围内实际可供场地用来建设区域的边界线。

道路红线是城市道路（含居住区级道路）用地的规划控制边界线，一般由城市规划管理部门在用地条件图中标明。道路红线总是成对出现，两条红线间的用地为城市道路用地，由城市市政和道路交通部门统一建设管理（图 7-1-3）。

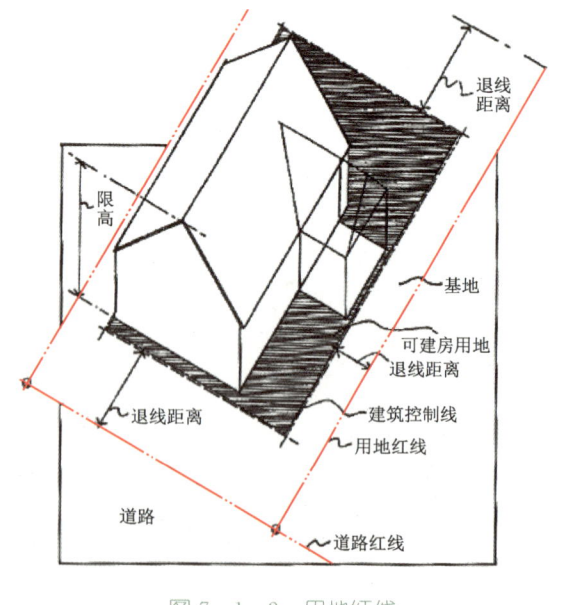

图 7-1-2　用地红线

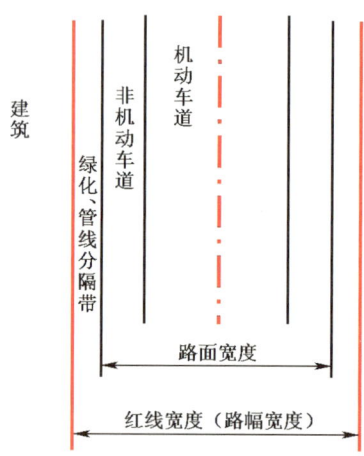

图 7-1-3　道路平面划分

（2）用地性质。用地性质指城市规划管理部门根据城市总体规划的需要，对某种具体用地所规定的用途。根据《城市用地分类与规划建设用地标准》（GB 50137—2011），城乡用地分为 2 大类、

9中类、14小类，而常用地性质实际上是指其中小类——H11（城市建设用地的性质分类）。其中，居住用地 R、公共管理与公共服务设施用地 A、商业服务业设施用地 B、工业用地 M、物流仓储用地 W、道路与交通设施用地 S、公用设施用地 U、绿地与广场用地 G。场地设计前，应充分了解城市总体规划和控制性详细规划中规定的用地性质，使用地性质与用地类别相对应。

2. 交通控制

（1）出入口。交通出入口方位是指规划地块内允许设置机动车和行人出入口的方位和位置（图7-1-3）。尽量避免在城市主要道路上设置机动车出入口，一般情况下，每个地块应在距离交叉口70m以外设1~2个出入口。主要道路的交叉口附近和商业步行街应设置禁止机动车开口地段（图7-1-4）。

（2）停车泊位数。停车泊位是指停放车辆的位置，包括车身和打开车门所需的空间，以及与相邻车辆或建构筑物的安全间隙等空间。其布置方式主要有纵列式、横列式、斜列式、交错式四种。进入停车泊位的方法主要有前进停车和倒退停车两种。

城市中所有公共交通线路站距的平均值。公交平均站距可用所有线路长度之和的2倍，除以站点总数求得。线网优化所要达到的目标之一，就是使平均站距接近线路最佳站距，且让站距方差尽可能小。

（3）与城市道路的连接。城市道路交叉点连接的好坏影响着交通的顺畅程度，可以根据各个连接点不同的情况合理安排，采取一些措施来改善公路与城市道路连接点的交通问题，例如，合理布置红绿灯的时间，在连接点建立立交桥等。

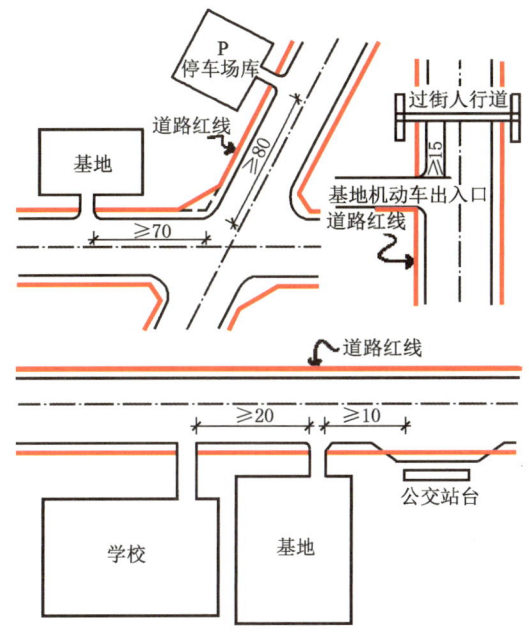

图7-1-4 基地机动车出入口或者基地通路的出入口位置（单位：m）

3. 用地指标控制

（1）容积率。容积率又称建筑面积毛密度，是指项目用地范围内地上总建筑面积（但必须是±0标高以上的建筑面积）与项目总用地面积的比值。容积率是衡量建设用地使用强度的一项重要指标。容积率的值是无量纲的比值，通常以地块面积为1，地块内地上建筑物的总建筑面积对地块面积的倍数，即为容积率的值。附属建筑物也计算在内，但应注明不计算面积的附属建筑物除外。值得注意的是，容积率越低，居民的舒适度越高，反之则舒适度越低。

（2）建筑密度。建筑密度是指在一定范围内建筑物的基底面积总和与占用地面积的比例，也就是建筑物的覆盖率，具体指项目用地范围内所有建筑的基底总面积与规划建设用地面积之比，它可以反映出一定用地范围内的空地率和建筑密集程度。

建筑密度与建筑容积率考量的对象不同，相对于同一建筑地块，建筑密度的考量对象是建筑物的面积占用率，建筑容积率的考量对象是建筑物的使用空间。

（3）建筑限高。建筑限高是指根据特定条件要求，对建筑高度进行限定。具体情况包括：当城市总体规划有要求时，应按规划要求限制高度；保护区和风景区范围内的建筑，市（区）中心的临街建筑物、航空港、电台、电信、微波通信、气象台、卫星地面站、军事要塞工程等周围的建筑物均应考虑高度限制。局部突出屋面的楼梯间、电梯机房、水箱间、烟囱等，在城市一般地区可不计入控制高度；在保护区、控制区内应计入高度。

（4）绿地率。城市的总绿地率是指城市建成区内各绿化用地总面积占城市建成区总用地面积的比例。也可计算建成区内一定地区的绿地率。如居住区绿地率描述的是居住区用地范围内各类绿地的总和与居住区用地的比率。绿地率所指的"居住区用地范围内各类绿地"主要包括公共绿地、宅旁绿地等。其中，公共绿地又包括居住区公园、小游园、组团绿地及其他的一些块状、带状化公共绿地。

1. 阅读《建筑工程设计文件编制深度规定》（2018年）中关于场地设计部分的要求。
2. 阅读《城市规划原理》。
3. 查找2～3个实际案例，分析其场地设计条件（自然条件、建设条件、公共限制）。

第二节　数字化环境及数字建筑

一、数字化表达

建筑设计项目的数字化表达需要两个基础部分作为支撑：计算机软件的发展和计算机硬件的进步。随着20世纪80年代个人计算机的普及，以及图形处理器和图像处理软件的开发，人们开始尝试用数字化的方式去表现建筑。90年代中期，作为静帧表现的集中代表，数字化表现才开始在建筑设计工作中崭露头角。早期由于计算机硬件的条件限制，这种表达方式在制作上多以图形程序处理为主，以实体模型渲染为辅。随着技术的进步、硬件水平的提高和成本的降低，效果图中纯渲染的比例逐渐增大。

从建筑表达的族系看，建筑数字化表达是美术表达的一种数字化发展形式，它延续了诸多美术特征，如对色彩、明暗关系和构图的把握与处理等。在实际工作时，这些特点往往与制作人的主观审美倾向紧密相关，它的多样性很难通过准确的程序算法实现，而且这种主观感受贯穿于整个效果图制作过程中。依照绘制者与评判者的区别，建筑数字化表现作品可按两种方式分类：从纯技术角度来看，分为建模及场景搭建、灯光及材质处理后期及色彩调整等三个部分；从建筑师及其他用户对作品的期待来看，作品的目标作用成为其分类依据，即是否清晰地体现建筑本体、是否营造了建筑所带来的场所氛围、是否与基地有机融合、是否与城市有良好的形体关系以及是否呈现出美术作品应有的美感等。

建筑设计的数字化表达从软件技术上大体可以分为三类，即图像处理软件、三维模型制作软件及渲染器。在图像处理软件上，现今奥多比公司的Photoshop（以下简称PS）在平面设计及美术相关领域内已是人所共知，即便回溯到20世纪80年代，它亦是图像处理软件的开山之作。三维模型制作软件包括微软视窗平台上谷歌公司推出的草图大师等软件，其中Autodesk公司的3ds Max在数字化表达领域中的应用较为广泛。渲染器是将数字化信息从专业领域向可视化领域表达的重要媒介。作为三维引擎的核心部分它的任务是将计算机中的三维物体绘制到显示终端上。广义上，渲染器可分为两类：一类为硬件渲染器，如基于底层图形应用程序接口构建，采用硬件架构的光栅渲染接口DirectX、OpenGL等，它们大部分应用在图形工作站或主机显卡上；另一类为软件渲染器，它的特点是利用计算机中央处理器进行计算，诸如v-ray等。环境设计领域多以软件渲染器为主（图7-2-1）。

二、人工智能

人工智能，简要来说就是模拟人工与智能，这里的"人工"指人的行为，而"智能"更为复杂，其中包括诸如意识、自我、思维等认知科学的概念，可上升至对人类本身作为智慧生物的研究

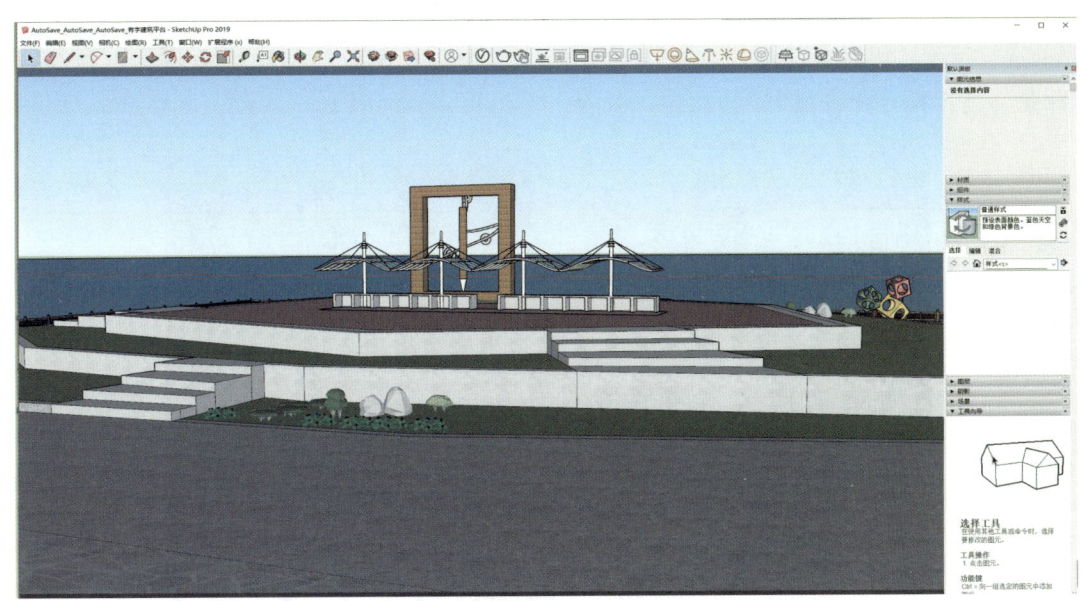

图 7-2-1　使用 SketchUp 进行图形设计

与理解。人工智能的发展方向分为强人工智能和弱人工智能。强人工智能认为，人工智能技术能够达到和人类智能一样的逻辑分析能力与学习能力，能像人类大脑一样思考和分析；弱人工智能则认为，人们难以创造如真正人类一样思考的"大脑"，因为它们仅仅是"看起来像"，但并没有实质的灵魂和自我意识。基于当前技术及大数据背景，弱人工智能对于当前的设计更具有价值，同时必须肯定的是，强人工智能对于艺术创造的价值也是可观的。

1. 人工智能技术的应用成果

在当代社会，人工智能主要有三大应用成果，即模式识别、自动工程和知识工程。尤其值得注意的是，知识工程中的专家系统、智能搜索引擎已经运用于人们的日常生活中。专家系统根据学科知识和经验，可以在日常的各种决策中，模拟专家对于问题解决的思考模式与方法进行推理和分析，并给予论断以解决在某一领域中的问题。它的组成结构为知识与推理机，这与由数据与算法组成的传统软件大不相同。对于解决更加复杂、具有不确定性或不完整信息的问题时，专家系统会给出如同某一领域内的专家的方案。智能搜索引擎是当代引领最新技术的搜索引擎，它能根据客户的习惯和需求给出更人性化的处理。可以说在大数据时代，智能搜索引擎发挥着综合数据而得出最优信息的、至关重要的作用。智能搜索引擎会在浩瀚的信息数据中，给用户提供最便捷、最有价值的信息。国内外拥有这种人性化、智能化搜索引擎特征的公司，如百度、谷歌、维基、Ask、搜狗等。

2. 人工智能在设计中可适用的理论与成果

人工智能技术对人们的设计行为以及设计对象有着非凡的影响，它对人机交互设计的作用尤为重要，无论是未来智能大楼设计，抑或是智能家居设计等，都体现着设计师对人工智能技术的应用。在智能大楼的设计中，设计者通过对用户的需求进行前期调研，进而针对建筑的结构、管理、服务来优化设计。面对建筑中的突发状况，也能进行综合分析进而采取处理措施。建筑的智能化也称为弱电系统工程，即楼宇、通信、办公、安防自动化，将自动化智能控制技术中的人工智能作为奠基性技术。值得一提的是，智能大楼的建立并不能在建筑完成后再进行弱电化施工，而是在前期规划设计中作为一套系统考虑如何更好地融入景观建筑与家居中，考虑其在功能使用上的人机交互性，同时也在施工时协同施工与跟进，并作为施工中的一大类得到重视，而不是在建筑完工后作为装修的一个环节或者直接套上去。因此，在与建筑信息模型（Building Information Modeling, BIM）链接时，更多地在设计考虑之初就构想到了施工的数据储存问题，以便对日后的综合管理起到促进作用。例如长春市规划展览馆（图7-2-2），在设计中通过"人脑+草图+计算+Rhino+Grasshopper"技术，将参数化模型技术应用在形体优化与轴网定位、结构建模、表面深化设计、施工方深化与施工配合全过程中。

图7-2-2　长春市规划展览馆

智能家居是指通过当前最新的互联网及通信技术以及综合布线技术，使家庭系统内同家居生活相关的各种子系统有机地结合在一起，从而让人们的日常生活更加舒适、便捷、高效。与传统家居不同的是，智能家居不仅能保证单纯的居住功能，还通过增加人机的交互使此前静态单一的居住空间变为动态多元的智能空间（图7-2-3）。这不但能增添家庭生活的趣味性，还能使家庭与外部保持畅通的信息传递，进而让家居生活具有安全性、舒适性以及节能性，优化人们的生活方式。目前，海尔、京东、华为、小米和美的等都推出了自己的智能家居系统（图7-2-4）。

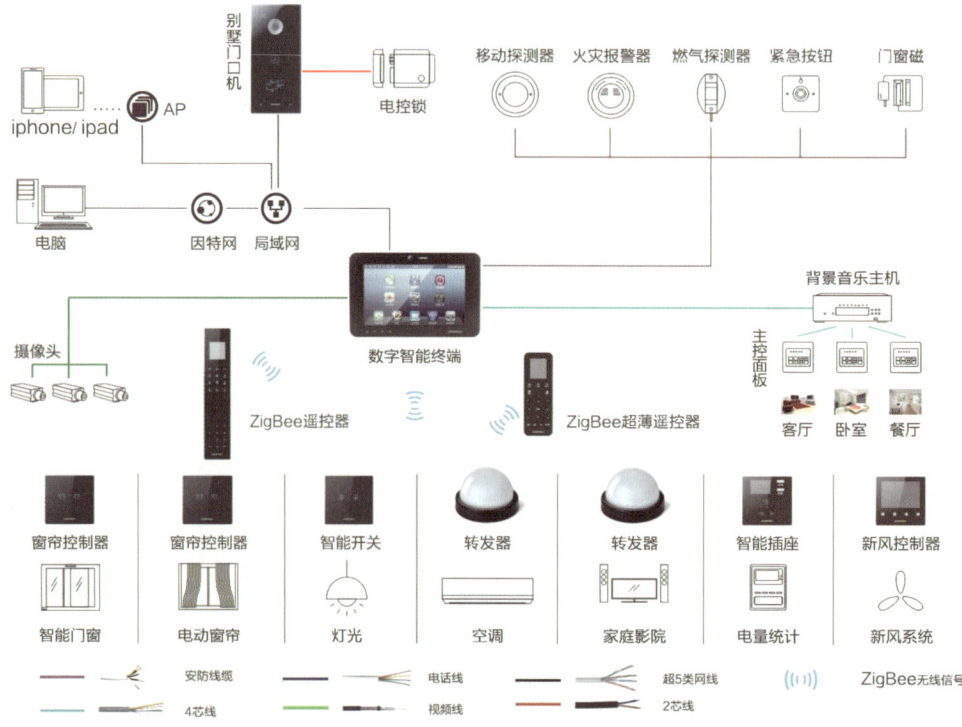

图7-2-3　智能家居系统示意图

3. 专家系统在景观建筑设计与施工中的构建

设计理念在创意行为后，需要回归于理性思考的阶段，这一阶段需要综合性的逻辑分析与思考，在对现状条件进行综合分析的基础上，借助此领域内的专业知识进行理性分析。同时，需依靠庞大的数据库对设计模型、植物配置、气候与地理环境进行参数化检验，因此，依托现代信息技术，构建各类数据库是十分必要的，例如专家系统数据库、植被数据库和建筑材料数据库等。

建立景观建筑设计与施工整套专家系统，需考虑系统结构、数据库、知识库、人机交互四大系统。此类专家系统需要针对网络时代的特性，使设计开发出的系统结构更为智能化、集成化以及协同化。而其数据库系统应当依据园林景观建筑的各类相关数据建立，如花卉、树木、山水、楼阁、道路、电气、规划、水文条件、结构、材料、工程运维管理等设计施工环节相应的专家系统。知识库系统能够实现支持并

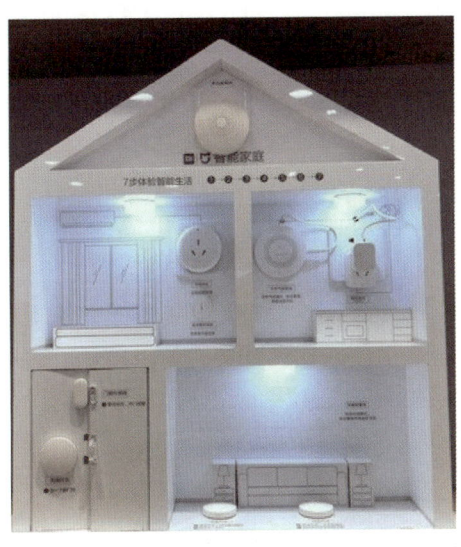

图7-2-4 小米米家智能家居系统

协同设计环境的工程开发模式和总体控制系统，进而使用相对应的表达方式，从而建立一个自工程开发初始至整个控制过程的完整知识库。而交互系统则涵盖了通用的执行控制程序和人机交互界面。它通过文字交互、图形交互、音频交互、视频交互等可视化的多元化信息交互系统，将协同用户与知识库系统、模型库系统、数据库系统在内的多库系统，协同设计过程控制部件，协同设计过程管理等功能模块，并通过对可视化管理模式的研究，实现工程设计与研制过程的动态跟踪、工程结点内容与进展的可视化，进而向工程总体设计人员提供辅助决策信息。同时，决策者和协同用户可以通过可视化多维信息交互界面对多库系统和其他功能部件进行操作和控制，从而实现通过人工智能技术应用协同设计过程进行管理。

三、地理设计

"地理设计（GeoDesign）"指在场地和区域尺度上通过获取全面的地理信息，模拟景观特征和功能，来解决场地中所面临的复杂问题，包括数据模型的建立、分析、表达等。可实现环境设计全程动态模拟、优化解决方案、成本控制及其建成后的效益评估，为环境设计过程中环境适宜性评价提供科学依据。

设计是一种主观能动的活动，它是将我们的思考意图和目标转变为我们眼中能够看到的存在的过程。对于我们生活的地球而言，设计意味着人类不是去征服大自然，而应该促进自然界的和谐发展并使之变得更好。地理设计则是将地理分析引入空间地理因素相关设计过程之中，使设计与自然系统更加紧密地联系在一起，它将地理环境因素与设计过程结合起来，为地理规划和决策创造出一套系统性的方法论和工具集。

美国加州大学圣巴巴拉分校的 Michael Goodchild 教授认为，传统设计人员经常在地图上使用铅笔和描图纸进行方案草绘，这使得他们的观点很难在设计方案中得到及时反馈。地理设计实际上是建立在空间分析基础上的设计，而非传统的经验设计。哈佛大学 Carl Steinitz 教授的景观变化模型也深受地理设计概念的影响，他认为"并不是所有的地理变化都是设计造成的，也并不是所有的设计都改变了地理环境"，因此，他为地理设计给出了一个最优雅的定义"地理设计是通过设计来改变地理环境"。

自 2009 年以来，共召开三次 GeoDesign 研讨会，与会的学界和业界代表对于"地理设计"的概念进行了深入的讨论，大家都意识到，地理设计其实并不是一个全新的名词，传统的 MIS（管理

信息系统)、CAD(计算机辅助设计)、BIM(建筑信息模型)、GIS(地理信息系统)和 Neogeography(新地理学)等技术,都已融入我们日常的设计过程中,只是这些技术在我们的设计流程中是各自独立的并被分别调用的,它们没有被整合到一起发挥最大的效益。

地理设计工具的探索并非从目前才开始,第一款地理设计软件是 ArcCAD,它尝试完全集成 GIS 与 AutoCAD 环境。最新的实践是 ESRI 的 Bill Miller 组织一个小型团队开发了一款名为 ArcSketch 软件模块,让 GIS 用户能够在 ArcGIS 软件中对地物要素进行草绘,这是业界对 GeoDesign 的第一个实质性响应。

地理设计的理论和工具是基于更精确和更完整信息之上的,设计不仅存在于草绘图形和大脑的观念之中,它在设计的初始阶段,就通过数据工具提供了该项目的设计意图。同时,高度的设计交互式环境能够让更多的设计人员参与到设计过程中,更有利于彼此的协作和沟通,提高设计的效率。

> **思考题**
>
> 1. 什么是数字化建筑?
> 2. 简述地理设计的概念。
> 3. 简述人工智能在环境设计中的应用。

第三节 建筑设计及工程软件

一、AutoCAD

AutoCAD 是一个可视化的绘图软件,通过菜单选项和工具按钮等多种方式实现命令和操作,具有丰富的绘图和绘图辅助功能,如实体绘制、关键点编辑、对象捕捉、标注、鸟瞰显示控制等,它的工具栏、菜单设计、对话框、图形打开预览、信息交换、文本编辑、图像处理和图形的输出预览为用户的绘图带来很大的方便。此外,软件的三维功能也十分强大,可方便地进行建模和渲染(图7-3-1、图7-3-2)。

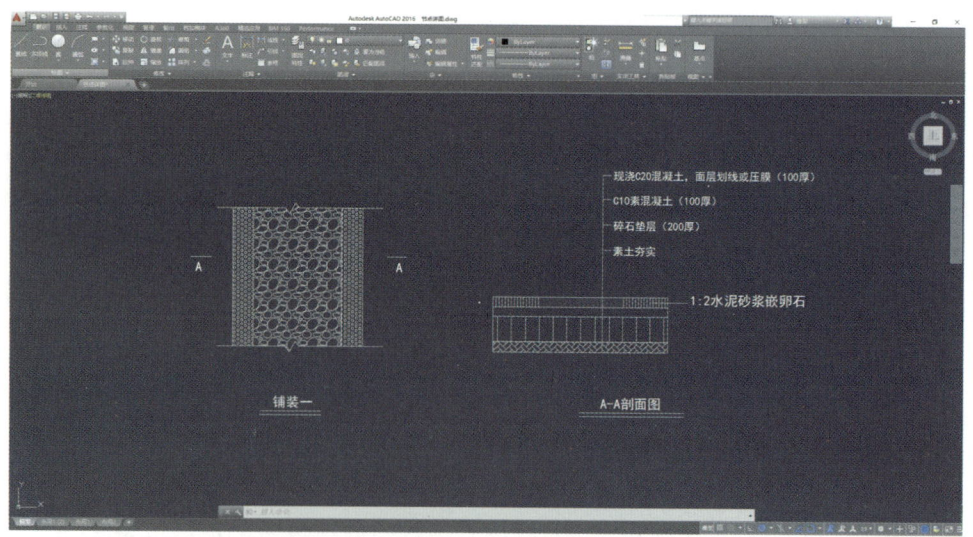

图 7-3-1 使用 AutoCAD 绘制景观节点详图 1

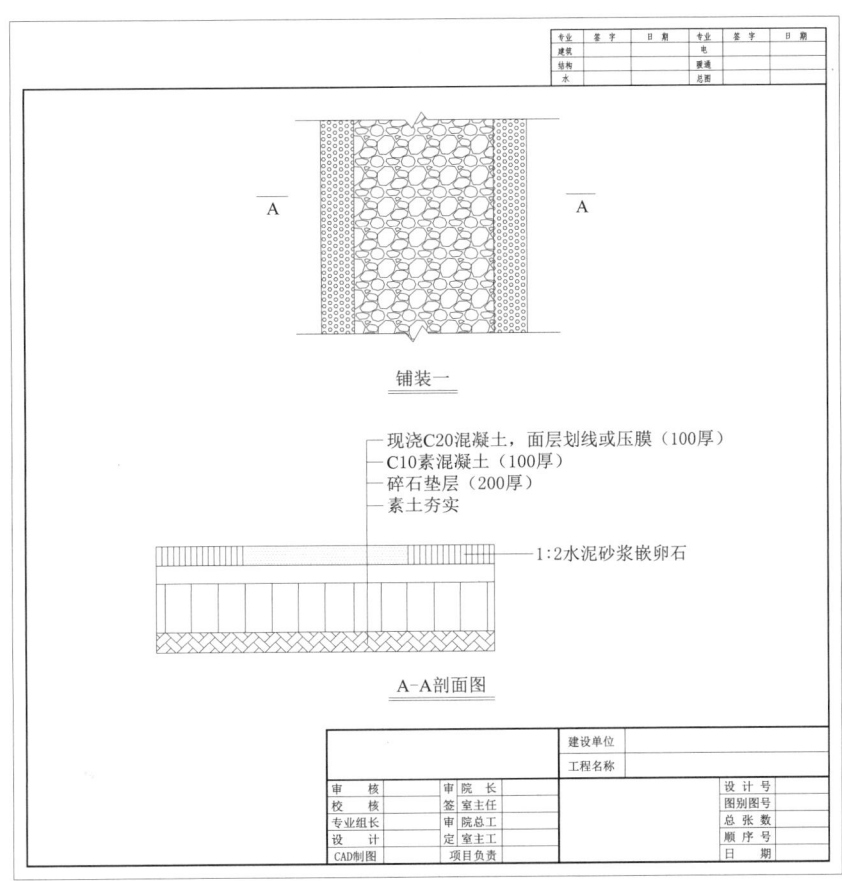

图 7-3-2 使用 AutoCAD 绘制景观节点详图 2

AutoCAD 的基本功能如下：

（1）平面绘图：能以多种方式创建直线、圆、椭圆、圆环多边形（正多边形）、样条曲线等基本图形对象。

（2）绘图辅助工具：提供了正交、对象捕捉、极轴追踪、捕捉追踪等绘图辅助工具。正交功能使用户可以很方便地绘制水平直线、竖直直线，对象捕捉可帮助拾取几何对象上的特殊点，而追踪功能使画斜线及沿不同方向定位点变得更加容易。

（3）编辑图形：AutoCAD 具有强大的编辑功能，可以移动、复制、旋转、阵列、拉伸、延长、修剪、缩放对象等。

（4）标注尺寸：可以创建多种类型的尺寸，标注外观可以自行设定。

（5）书写文字：能轻易在图形的任何位置、沿任何方向书写文字，可设定文字字体、倾斜角度及宽度缩放比例等属性。

（6）图层管理功能：图形对象都位于某一图层上，可设定对象颜色、线型、线宽等特性。

（7）三维绘图：可创建 3D 实体及表面模型，能对实体本身进行编辑。

（8）网络功能：可将图形在网络上发布，或是通过网络访问 AutoCAD 资源。

（9）数据交换：提供了多种图形图像数据交换格式及相应命令。

二、3S 技术

3S 技术以计算机技术为基础，它主要由全球定位系统、遥感技术、地理信息系统等组成，3S 技术作为现代信息技术的一种，在空间信息获取、空间信息处理及分析、空间信息应用等方面发挥了重要作用。同时，3S 技术组成的各部分充分发挥系统功能，为技术应用优势的彰显提供可靠支持，这也是空间信息快速获取、准确分析、高效应用的主要原因（图 7-3-3）。

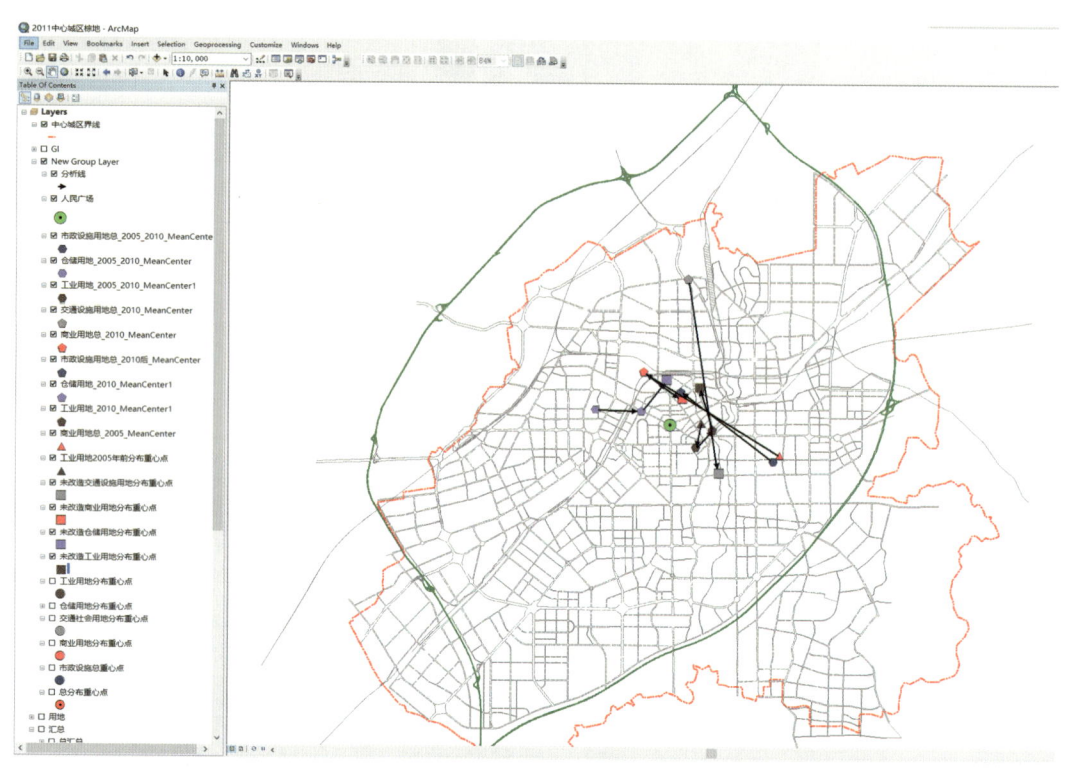

图 7-3-3　使用 Arcgis 进行空间重心转移分析

随着社会的不断发展，3S 技术逐渐升级，这一技术可在森林城市景观布局、景观结构优化等方面提供可靠的技术支持以及必不可少的操作平台。3S 技术可动态显示城市景观建设情况，并直观显示景观格局规划效果，同时，还能对比以往、预测未来景观结构，综合分析、客观评价城市景观结构，即城市经济效益判断、生态效益衡量的过程，同时还能为今后城市景观结构规划提供依据（图 7-3-4）。

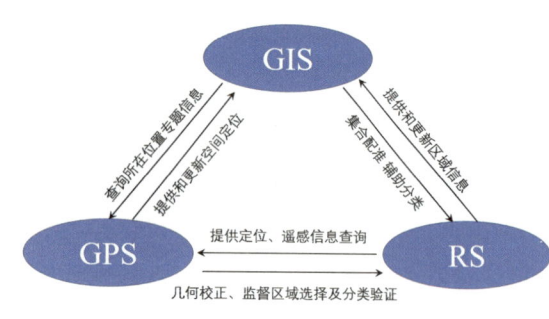

图 7-3-4　3S 技术直接关系

GIS、RS、GPS 的集成技术可以为现代城市规划提供直接的数据服务，可以快速跟踪、观察、分析和模拟观测对象的动态变化，并以高精度定量描述变化。三种技术的集成技术可以充分发挥各自的技术优势，提供实时、准确、经济的城市规划。该计划提供所需的各种空间信息和决策信息，并可以回答用户可能提出的各种复杂的问题。

在 21 世纪，随着人类社会与经济活动的逐渐扩大，空间流动性的增加加速了城市化进程，出现了新的城市空间组织形式。传统的城市规划和建设管理方法已经无法适应日益复杂多变的城市大型系统。因此，随着 3S 技术的不断发展和三种技术的综合利用，以及成本的不断降低，其在现代城市规划中的应用将越来越广泛和深入。目前，一些城市已经建立了城市规划建设和管理系统的平台，并取得了良好的效果。随着 3S 技术的发展，与 3S 相关的各种技术形成的集成系统将是一个高度自动化、实时和智能的 GIS 系统。它不仅可以自动、实时地收集、处理和更新数据，还可以智能地分析和应用数据，为各种应用系统提供科学的决策支持。

三、VR 技术

VR 技术是虚拟现实技术的简称，是在室内设计期间使用 VR 技术、高新技术模拟出设计师的设计理念，使客户真实的感受设计效果。该技术在环境设计中的应用，不但能减少设计方案的重复修改时间和成本浪费，还能优化工作流程，提高工作效率（图 7-3-5）。

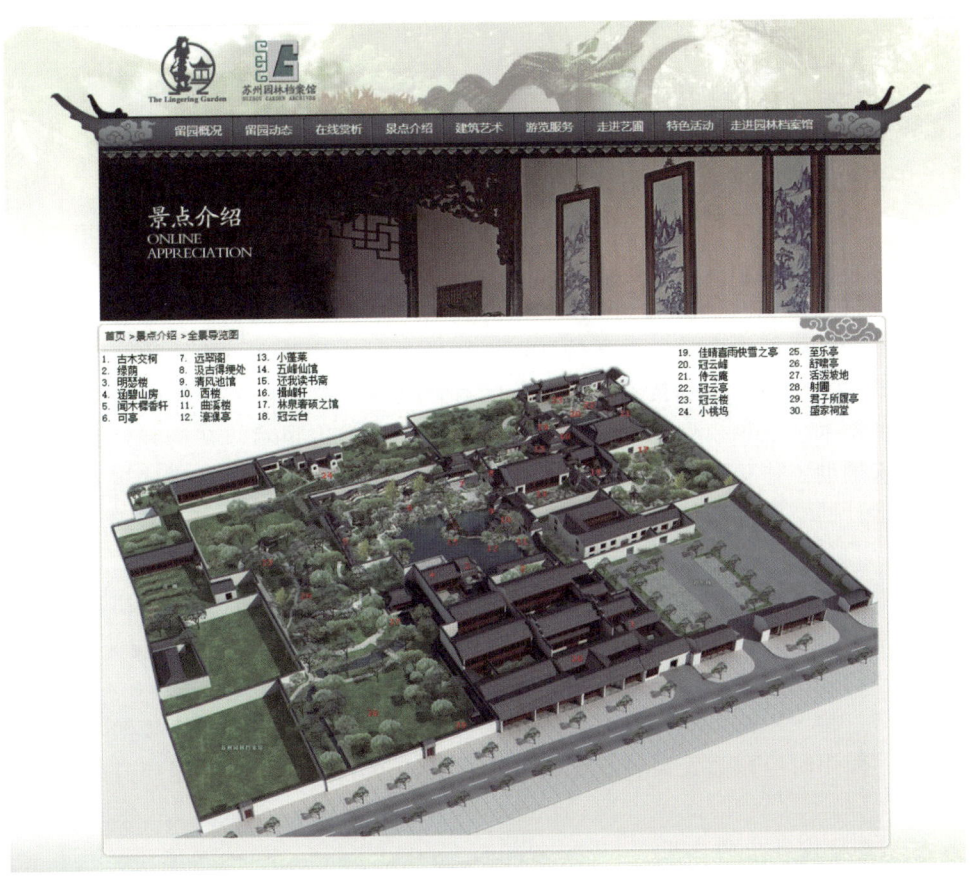

图 7-3-5　留园 VR 体验系统

1. 内涵

所谓的 VR 技术，多指融合了传感、数字处理等技术，借助计算机生成模拟环境，通过传感设备使用户真正地投身于模拟的环境进行交互。近年来，VR 技术逐渐渗透于航空航天、教育、娱乐、军事、交通、体育等领域，在建筑业的发展和应用中也发挥着重要作用，比如工程投标、房屋销售等，都使用着 VR 技术，通过 VR 技术真实地展示项目规划，让客户清晰、直观地了解工程概况及完成效果。

2. 特点

VR 技术具有如下特点：

（1）沉浸性。VR 技术使用计算机模拟出所需要的活动和场景，然后使用眼镜、头盔等先进设备将模拟场景展示出来，使客户通过对其的真实感受提出自身意见，提高工作效率。

（2）想象性。VR 技术能将未来事物模拟出来，使用者在模拟的场景中获取新知识，不但能提高认知能力，还能启发他们的创造思维，培养创新能力。

(3) 真实性。真实性是 VR 技术的突出特点，包括运动强度的分析能力、人对事物的感知能力等。VR 技术通过对场景的模拟，增强人们对周围空间、事物的感知能力，使人们产生身临其境的感受。

(4) 交互性。用户在 VR 技术所模拟的场景中，通常会产生强烈的临场感应，感觉身处世界是真实存在的。而且，所模拟的场景也具备良好的交互性，便于用户对场景中的事物进行操作，并反馈给用户一定的感知能力。比如用户在场景中用手抓东西时，会产生一种该东西就在手中的感觉，同时还能感受到该物体的形状、重量等。

3. 关键技术

VR 技术中的关键技术包括以下几个方面：

(1) 立体声合成和立体显示技术。通常情况下，人们从听到声音到其传到耳朵的距离和时间是有差距的，根据这些差距及强度大小对来源进行判断。当用户处于虚拟场景时，所听到的声音也会因立体声到达耳朵的差异而不同。在对虚拟场景中的布景进行观察时，通过先进技术设备能看到不同的景象，而且由于景象到达眼睛的方向、位置不同，在不同情况下看到的物品也会因该差异产生立体感，从而使整个场景都具备真实感。

(2) 系统环境集成技术。在使用 VR 技术模拟场景时，是需要大量信息数据给予帮助的，由于系统环境集成技术受到人们的青睐，其在构建虚拟环境时的地位越来越突出。一般来讲，系统环境集成技术包括模型标准定型、识别技术、信息传输等，其在虚拟环境的构建中发挥着重要作用。

(3) 三维模型技术。三维模型技术是虚拟场景模拟中的常用技术，在构建虚拟场景时，多需要建立合适的模型来辅助工作。考虑到虚拟场景空间有限，在向用户展示时应体现出整体规划，从各个角度分析室内设计的空间和布局结构，使用户透彻地了解设计情况和细节处理，为完整设计方案的制定提供便利。

(4) 交互技术。交互技术在室内设计中的应用，其效果远远超过传统的人机交互方式，通过对高新技术产物的使用进行交互，比如数字手套、数字头盔、智能手柄等，都能完成传感交互工作。另外，语音输入、语音识别等，也是交互技术中的重要组成。

(5) 触觉反馈。在 VR 技术的应用中，用户能直接近距离地和虚拟物体接触，使人产生不同的感观和触觉。具体使用时应佩戴安装触点，或者本身就能振动的手套，使用户身临其境地感受事物的存在。

4. VR 技术在环境设计中的应用

VR 技术在建筑环境设计中的应用，具有如下几方面的优势：

(1) 能创造和体现虚拟世界，使建筑设计更加可视化，便于建筑师更好地验证设计方案的正确性和可行性。

(2) 帮助用户和设计师进行思想上的沟通，使其在虚拟的空间环境中全方位地审视建筑。

(3) VR 技术不但能表现出真实的世界，还能表示出虚拟的世界。对于相对复杂的结构，VR 技术首先建立三维模型，并对模型进行虚拟化的装配，进而在可视化环境内修改设计方案。

(4) VR 技术能将规划设计方案在现实的环境中呈现，分析工程建成后对真实环境的影响，便于进一步改善设计方案。

(5) 环境设计的落成需要多人参与，空间设计以用户感知为主，但是以往的设计图纸过于复杂，用户参与度低，导致最终的设计方案不满足自身要求。而 VR 技术能真实地呈现用户和设计师的想法，通过对动画的观看获得真实的感受，从而提高用户参与度。

(6) VR 技术为设计师和用户提供合适的交流平台，让用户观察和参与到整个方案的设计中，而且也不需要掌握专业知识，方便和设计师沟通。用户还能在计算机内留下自己的意见，方便设计师改进设计方案。另外，VR 技术还能降低设计师、用户间的交流障碍，提高用户参与的主动性，保证设计方案的合理性和可行性。

5. 技术在环境设计中的应用

(1) 空间体验中的应用。由于环境设计比较复杂，需要综合考量影响设计质量的因素，比如材料、风格、空间布局、色彩搭配等。在使用 VR 技术体验环境设计空间时，应保证空间的动态性和持续性，保证用户获得真实、动态的感受。通常情况下，设计师可使用各种形式呈现设计内容，虽然能获得一定的效果，但是无法让用户获得全方位的体验，仅凭借视觉、听觉进行感受。而 VR 技术的应用，能为用户提供系统的室内空间体验，让用户通过触觉、听觉等进行感官上的体验。而且，工作人员还能通过时间上的变化、运动方法的调整，来真实地呈现室内空间效果，保证用户获得更为真实、生动的体验。与此同时，设计师还能进行自我调整和提升，从而设计出更为优秀的方案（图 7-3-6）。

图 7-3-6 VR 技术在室内设计的应用

(2) 在外界环境中的应用。在建筑环境设计中，通常需要将温度、自然光、阳光等考虑在内，否则会影响设计效果，造成能源浪费。以风力为例，在土地资源过度紧张的情况下，高层建筑已成为最主要的形式。虽然当前明确规定了高层建筑的楼间距，但是自然风通过相邻建筑时会加快气流速度，使得风速快的一面温度远远低于另一面，影响建筑工程的安全性。另外，受风速影响，还会使建筑工程出现外墙脱离、屋顶脱离等隐患。这种情况下，应将 VR 技术用于环境设计中，首先模拟出建筑工程模型，然后再利用气象局的气候数据构建气流模型，通过动态演示了解自然风的流动情况，最后从安全角度优化建筑工程模型，预防因气流强度和方向变化带来的影响（图 7-3-7）。

(3) 在样板间中的应用。VR 技术不但能减少模型的制作费用，还能及时更改设计方案，从而满足用户各方面的要求。在国外，VR 技术与环境设计已获得良好的融合，越来越多的用户在 VR 技术的辅助下快速、准确地选择了自己满意的方案，甚至有的用户足不出户就选定了喜欢的家具。用户只需要花费不到 10 分钟的时间，就能拍出房屋图片，同时明确自己所需的装修风格，大约 2 天就能成型，用户就会收到一份集底板、装修风格、家具等于一体的设计方案。除此之外，还能为用户提供虚拟现实场景的浏览方式，该场景还能加载到手机中。

(4) 动态比对和编辑设计元素。VR 技术十分重视动态编辑和比对设计元素，通过对设计元素进行更正来满足设计要求，同时还能实时比照任一设计元素。在建筑环境设计期间，建筑高度控制是最主要的内容，而建筑高度的控制要求综合考虑各区域情况，考虑对周围文物古迹、风景名胜进行保护。另外，VR 技术还能切换设计方案，及时调整建筑高度，并将最终的设计结果呈现出来，

图7-3-7 留园 VR 体验

便于设计师分析和比照不同的设计方案，为最终方案的确定提供依据。

1. 环境设计使用哪些应用软件？
2. 运用案例分析环境设计软件的应用过程。
3. 应用环境设计相关应用软件可以解决哪些实际问题？

参 考 文 献

［1］ 吴良镛. 广义建筑学［M］. 北京：清华大学出版社，1989.
［2］ 黄艳，王福瑞，沈劲夫. 环境艺术设计概论［M］. 北京：中国青年出版社，2011.
［3］ 诸葛雨阳. 公共艺术设计［M］. 北京：中国电力出版社，2007.
［4］ 约翰·O·西蒙兹. 景观设计学——场地规划与设计手册［M］. 3版. 俞孔坚，王志芳，孙鹏，译. 北京：中国建筑工业出版社，2000.
［5］ 伊恩·伦诺克斯·麦克哈格. 设计结合自然［M］. 芮经纬，译. 天津：天津大学出版社，2006.
［6］ 罗小未. 外国近现代建筑史［M］. 北京：中国建筑工业出版社，2003.
［7］ 刘叙杰. 中国古代建筑史［M］. 北京：中国建筑工业出版社，2003.
［8］ 刘易斯·芒福德. 城市发展史［M］. 宋俊岭，倪文彦，译. 北京：中国建筑工业出版社，2005.
［9］ 周维权. 中国古典园林史［M］. 北京：清华大学出版社，1999.
［10］ 朱颖心. 建筑环境学［M］. 北京：中国建筑工业出版社，2006.
［11］ 刘敬东. 城市景观设计［M］. 大连：大连理工大学出版社，2011.
［12］ 荆其敏，张丽安. 建筑学与学建筑［M］. 南京：东南大学出版社，2006.
［13］ 张绮曼，郑曙旸. 室内设计资料集［M］. 北京：中国建筑工业出版社，1991.
［14］ 维特鲁威. 建筑十书［M］. 高履泰，译. 北京：知识产权出版社，2001.
［15］ 彭一刚. 建筑空间组合论［M］. 北京：中国建筑工业出版社，1983.
［16］ 张绮曼. 环境艺术设计与理论［M］. 北京：中国建筑工业出版社，1996.
［17］ 李砚祖. 环境艺术设计的新视界［M］. 北京：中国人民大学出版社，2002.
［18］ 刘先觉. 现代建筑理论——建筑结合人文科学自然科学与技术科学的新成就［M］. 北京：中国建筑工业出版社，1999.
［19］ 李瑞君. 环境艺术设计十论［M］. 北京：中国电力出版社，2008.
［20］ 凯文·林奇. 城市意象［M］. 方益萍，何晓军，译. 北京：华夏出版社，2001.
［21］ 凯文·林奇，加里·海克. 总体设计［M］. 黄富厢，朱琪，吴小亚，译. 北京：中国建筑工业出版社，1999.
［22］ 肯尼斯·弗兰姆普顿. 建构文化研究［M］. 王骏阳，译. 北京：中国建筑工业出版社，2007.
［23］ 孙澄，梅洪元. 现代建筑创作中的技术理念［M］. 北京：中国建筑工业出版社，2007.
［24］ 李道增. 环境行为学概论［M］. 北京：清华大学出版社，1999.
［25］ 扬·盖尔. 交往与空间［M］. 何人可，译. 北京：中国建筑工业出版社，1992.
［26］ 林玉莲，胡正凡. 环境心理学［M］. 北京：中国建筑工业出版社，2006.
［27］ 夏海山. 城市建筑的生态转型与整体设计［M］. 南京：东南大学出版社，2006.
［28］ 刘滨谊. 现代景观规划设计［M］. 南京：东南大学出版社，2010.
［29］ 勒·柯布西耶. 走向新建筑［M］. 陈志华，译. 西安：陕西师范大学出版社，2004.
［30］ 韦爽真. 环境艺术设计概论［M］. 重庆：西南师范大学出版社，2007.
［31］ 王烨，王卓，董静，等. 环境艺术设计概论［M］. 2版. 北京：中国电力出版社，2015.
［32］ 周浩明. 可持续室内环境设计理论［M］. 北京：中国建筑工业出版社，2010.
［33］ 黄艳，王富瑞，沈劲夫. 环境艺术设计概论［M］. 2版. 北京：中国青年出版社，2011.
［34］ 任海澜. 景观设计［M］. 北京：清华大学出版社，2015.
［35］ 李瑞君. 环境艺术设计概论［M］. 北京：中国电力出版社，2008.
［36］ 郭希彦. 地域文化在景观设计中的应用研究［D］. 福州：福建师范大学，2008.

[37] 季蕾. 植根于地域文化的景观设计 [D]. 南京：东南大学，2004.

[38] 陈娟. 景观的地域性特色研究 [D]. 长沙：中南林业科技大学，2006.

[39] 方法菊. 生态设计方法在居住区景观设计中的应用研究 [D]. 合肥：合肥工业大学，2007.

[40] 周浩明. 生态室内环境设计——一种可持续发展的设计 [J]. 室内设计与装修，2006（3）：52-53.

[41] 弗兰克·戈布尔. 第三次浪潮：马斯洛心理学 [M]. 吕明，陈红雯，译. 上海：上海译文出版社，1987.

[42] 林玉莲，胡正凡. 环境心理学 [M]. 北京：中国建筑工业出版社，2006.

[43] 王琰，李志民. 建筑空间环境与行为 [M]. 武汉：华中科技大学出版社，2009.

[44] 李砚祖. 环境艺术设计的新视界 [M]. 北京：中国人民大学出版社，2002.

[45] 周鸿编. 人类生态学 [M]. 北京：高等教育出版社，2001.

[46] 周鸿，刘韵涵. 环境美学 [M]. 昆明：云南人民出版社，1989.

[47] 艾伦·卡尔松. 环境美学 [M]. 杨平，译. 成都：四川人民出版社，2006.

[48] 小形研三，等. 园林设计——造园意匠论 [M]. 索靖之，任震方，王恩庆，译. 北京：中国建筑工业出版社，1984.

[49] 成玉宁，杨锐. 数字景观——中国第二届数字景观国际论坛 [M]. 南京：东南大学出版社，2015.

[50] 汪梅，杨小军，宋拥军. 环境艺术设计原理 [M]. 北京：机械工业出版社，2011.

[51] 诺曼·K·布思. 风景园林设计要素 [M]. 曹礼昆，译. 北京：科学技术出版社，2018.

[52] 邹寅，李引. 室内设计基本原理 [M]. 北京：中国水利水电出版社，2005.

[53] 马克辛，李科. 现代园林景观设计 [M]. 北京：高等教育出版社，2012.

[54] 郝赤彪. 景观设计原理 [M]. 北京：中国电力出版社，2009.

[55] 孙迪，胡宇鹏，李慧倩，等. 景观师成长的ABCD [M]. 北京：机械工业出版社，2010.

[56] 张泰贤. 景观设计制图与表现 [M]. 王丽芳，译. 沈阳：辽宁科学技术出版社，2012.

[57] 张文忠，余建辉，李业锦，等. 人居环境与居民空间行为 [M]. 北京：科学出版社，2017.

[58] 克莱尔·库博·马库斯，卡洛琳·弗朗西斯. 人性场所——城市开放空间设计导则 [M]. 2版. 俞孔坚，孙鹏，王志芳，等，译. 北京：中国建筑工业出版社，2008.

[59] 岳红，马怡红. 建筑设计入门 [M]. 上海：上海交通大学出版社，2014.

[60] 毛利群. 建筑设计基础 [M]. 上海：上海交通大学出版社，2015.

[61] 李翔. 建筑规划与设计：建筑设计与室内设计联系分析 [J]. 绿色环保建材，2018，10：51-52.

[62] 陈根. 建筑设计看这本就够了 [M]. 北京：化学工业出版社，2017.

[63] 康晓旭. 对建筑设计创新思想的分析 [J]. 建筑设计管理，2011，9：55-54.

[64] 吴舒妮. 论现代建筑设计方法的创新 [J]. 设计，2017（17）：62-63.

[65] 韩颖. 快速建筑设计 [M]. 北京：化学工业出版社，2012.

[66] 徐海滢. 浅谈现代建筑设计方法的创新 [J]. 长沙铁道学院学报，2010，11：234-235.

[67] 刁立岩. 浅谈现代建筑设计方法的创新 [J]. 科技资讯，2015，12：64.

[68] 王卓. 房屋建筑学 [M]. 北京：清华大学出版社，2012.

[69] 钱健，宋雷. 建筑外环境设计 [M]. 上海：同济大学出版社，2000.

[70] 杨青，刘磊，张方. 对建筑外部空间环境构成要素的研究 [J]. 山西建筑，2007.

[71] 陈高，明董雅. 环境设施设计 [M]. 北京：化学工业出版社，2017.

[72] 于正伦. 城市环境创造 [M]. 天津：天津大学出版社，2003.

[73] 田中直人. 标识环境通用设计 [M]. 北京：中国建筑工业出版社，2004.

[74] 陈丙秋，张肖宁. 铺装景观设计方法及应用 [M]. 北京：中国建筑工业出版社，2006.

[75] 詹姆斯·霍姆斯-西德尔，塞尔温·戈德史密斯. 无障碍设计：建筑设计师和建筑经理手册 [M]. 孙鹤，译. 大连：大连理工大学出版社，2002.

[76] 于正伦. 城市环境创造 [M]. 天津：天津大学出版社，2003.

[77] 闫子卿. 基于地形学理论的建筑策略研究 [D]. 南京：南京艺术学院，2014.

[78] 蔡博峰，陆军，刘兰翠. 城市与气候变化 [M]. 北京：化学工业出版社，2012.

[79] 李利，李志刚. 风景园林竖向的数字化策略 [M]. 北京：中国建筑工业出版社，2018.

[80]　邵春福. 交通规划 [M]. 北京：北京交通大学出版社，2012.
[81]　隗剑秋. 城乡总体规划 [M]. 北京：化学工业出版社，2011.
[82]　曾旭东，王冠宇，王景阳，等. 基于 BIM 的虚拟现实在建筑设计教学中的实践探索 [C] //信息·模型·创作——2016 年全国建筑院系建筑数字技术教学研讨会论文集. 北京：建筑工业出版社，2016.
[83]　项星玮，沈杰，冯镇涛. 信息化背景下的数字化建筑设计教学转向 [J]. 中外建筑，2018（8）：78－80.
[84]　尹瑾珩，胡赟. 建筑设计数字化表现的量化分析 [J]. 新建筑，2016（5）：138－143.
[85]　俞传飞. 分化与整合——数字化背景（前景）下建筑及其设计的现状与走向 [J]. 建筑师，2003（1）：30－32，52.
[86]　易安安. 人工智能技术在景观建筑设计与施工中的辅助作用 [J]. 艺术教育，2018（4）：95－96.
[87]　章昊天. 基于 3S 技术的森林城市景观结构研究 [J]. 大众文艺，2018（12）：79－80.
[88]　高志宏，梁勇，林祥国. 基于 3S 技术的现代城市规划应用研究 [J]. 测绘科学，2007（6）：193－195，211.
[89]　尚百平. VR 技术在建筑室内设计应用中的应用浅析 [J]. 居舍，2018（31）：62，132.